Brigitte Podszun

# Die Mopeds der Wirtschaftswunderzeit

Überarbeitete und ergänzte Auflage 2010

Verlag Podszun-Motorbücher GmbH
Elisabethstraße 23-25, D-59929 Brilon
Herstellung Druckhaus Cramer, Greven
Internet: www.podszun-verlag.de
Email: info@podszun-verlag.de

ISBN 978-3-86133-276-3

Brigitte Podszun

# Die Mopeds der Wirtschaftswunderzeit

PODSZUN

# Vorwort

Alle wesentlichen Marken der deutschen Mopedproduktion von 1945 bis etwa 1961 werden in Wort und Bild dargestellt, erläutert und illustriert durch technische Daten, zeitgenössische Fotos, Fotos restaurierter Maschinen, Inserate und Prospekte. Schwierig ist manchmal die typologische Abgrenzung, weil nicht nur Einzelteile und Rahmen, sondern oft komplette Mopeds als Fremdfabrikate erworben, aber als eigene ausgegeben wurden. Auch die enorme Typenvielfalt der einzelnen Hersteller, die schon damals Verwirrung stiftete, erschwert den Versuch der chronologisch korrekten Darstellung. Alle Daten sind aus Werksunterlagen, Prospekten, zeitgenössischer Literatur und vielen staatlichen und privaten Archiven zusammengetragen und so exakt wie möglich wiedergegeben. Sollten dennoch Fehler oder Ungenauigkeiten aufgetreten sein, was bei der sich manchmal widersprechenden Quellenlage möglich ist, so bittet die Verfasserin um Richtigstellung.

Besonderer Dank für Unterstützung, Informationen und Unterlagen gilt dem Gilde-Fachverlag, Herrn Schulz, in Alfeld; dem Verband der Fahrrad- und Motorradindustrie, Herrn Allenberg, in Bad Soden; der Stadtbücherei Brilon, Frau Diemel; dem Rheinisch-Westfälischen Wirtschaftsarchiv Köln; der Universitätsbibliothek in Oldenburg; Herrn Hönicke in Frankfurt und Herrn Regenberg in Haltern.

Abbildungen stellten zur Verfügung: Verband der Fahrrad- und Motorradindustrie, Bad Soden; Autopress, Frau Zartmann, Neckarsulm; Nürnberger Hercules-Werke, Herr Handke, Nürnberg; Dürkoppwerke, Frau Löhr, Bielefeld; Exclusive Oldtimer-Fotografien, Herr Reinhard Lintelmann, Espelkamp; Ullstein Bilderdienst, Berlin; Herr Udo Hönicke Frankfurt; Herr August Wurring, Düsseldorf-Breitscheid; Herr Bernd Regenberg, Haltern; Heidemann-Werke, Einbek; Ilo Motorenwerke GmbH, Pinneberg; Miele-Werke, Gütersloh; Rabeneick-Werke, Bielefeld-Brackwede; Herr Karlheinz Maier, Neuhofen; Firma Heitmann & Wittler, Steinhagen; Firma Schürhoff & Co., Gevelsberg; Herr Sudbrack, Bad Salzuflen; Wanderer-Werke, Haar bei München; Gebr. Wittler, Bielefeld; Fichtel & Sachs AG, Schweinfurt; Herr Brake, Hövelhof; Gilde-Fachverlag, Alfeld; Herr Bernd Rosenkranz, Bochum.

Der WK-Verlag Klaus Vollmar in Bad Salzuflen stellte sein umfangreiches Archiv zur Verfügung. In diesem Zusammenhang sei darauf hingewiesen, dass der WK-Verlag am An- und Verkauf von historischem Fotomaterial, Prospekten, Büchern, Plakaten und Reparatur- und Betriebsanleitungen interessiert ist. Bereiche: Pkw, Zweiräder und Nutzfahrzeuge aller Art.

An Literatur wurde verwendet: Lintelmann, Reinhard: Deutsche Roller und Kleinwagen der fünfziger Jahre, Brilon 1986; Windecker, C.O.: Deutsche Motorradtypen, Detmold 1983; Chronik des 20. Jahrhundert, Dortmund 1983; Sechzig Jahre Zündapp-Technik, München 1977; Trezebiatkowsky, H.: Motorräder, Motorroller, Mopeds, Gießen 1955; Tragatsch, E: Motorräder 1884 bis 1971, Stuttgart 1985; Das Motorrad, verschiedene Ausgaben der fünfziger Jahre; Markt für klassische Automobile und Motorräder, verschiedene Ausgaben; Dürkopp heute, Werkzeitschrift 1985; Moped-Handbuch, Bielefeld 1955; Das Moped, verschiedene Ausgaben.

# Inhalt

# Einführung

Während der IFMA im Frühjahr 1953 wird das Moped aus der Taufe gehoben. Durch die Initiative des Verbandes der Fahrrad- und Motorradindustrie (VFM) entsteht das „Fahrzeug für alle", das aus der Wortzusammenstellung von Motor und Pedale jetzt eine einheitliche Bezeichnung erhält: Moped. Wen wundert es angesichts deutscher Gründlichkeit, dass auch gleich eine gesetzliche Änderung zur Stelle ist: Das Moped ist führerschein-, zulassungs- und steuerfrei, wenn es bestimmte Bedingungen erfüllt, zu denen vor allem die Begrenzung von Hubraum (50 ccm) und Gewicht (33 kg) gehören. Außerdem soll der Durchmesser des Hinterrades nicht weniger als 580 mm messen und die wirksame Länge der Tretkurbel mindestens 125 mm betragen. Verband, Industrie und Verbraucher sind froh, dass endlich klare Verhältnisse geschaffen sind. Der neue Fahrzeugtyp, der weitgehend die Eigenschaften des normalen Fahrrads beibehält und dem Fahrer lediglich die Mühe des Tretens abnimmt, verspricht ein riesiges Geschäft zu werden.

Der Ursprung der Idee vom motorisierten Fahrrad liegt allerdings viel weiter zurück als man gemeinhin annimmt. In einer Fachschrift vom Januar 1888 findet sich ein Artikel, der dem Thema „Durch Motoren bewegte Fahrräder" gewidmet ist. Außer, dass die Dampfmaschine als Antrieb möglich sein müsste, werden keine konkreten technischen Vorstellungen entwickelt. Die Dampfmaschine aber wird in den Folgejahren mehr und mehr durch die Verbrennungskraftmaschine von den Straßen verdrängt. Sowohl die Motorenentwicklung als auch die Konstruktion der Zweiräder nehmen enorme Ausmaße an. Immer neue Patentanmeldungen gehen ein. Zu Beginn des zwanzigsten Jahrhunderts erscheinen Motor-Zweiräder mit Keilriemenantrieb, die ganz normale, teilweise leicht verstärkte Fahrradrahmen aufweisen. Der Motor liegt vor dem Steuerkopf oder im Rahmendreieck, Positionen also, die auch noch nach dem Zweiten Weltkrieg für Fahrräder mit Hilfsmotoren gültig sind. Ein Motorfahrrad mit Zweitaktmotor und Reibrollenantrieb auf das Vorderrad erscheint bereits 1903, und ein Jahr später gibt es schon das Progress-Motorfahrrad mit magnetelektrischer Zündung. Die „Motortasche" am Fahrrad, eine Schöpfung von Motosacoche, wird 1907 weltberühmt durch den zum Teil verkleideten Motor, der über dem Tretlager liegt, und wegen der für den damaligen Geschmack hoehn Eleganz des Fahrzeugs, das nur 34 kg wiegt und bis zu 45 km/h bringt.

**IFMA 1953**

Nach dieser stürmischen Entwicklung setzt eine Pause ein, weil die stärkeren Motorräder an Bedeutung gewinnen. Erst in der Krisenzeit nach dem Ersten Weltkrieg nimmt die Nachfrage nach preiswerter und schnell zu verwirklichender Motorisierung wieder zu. 1921 bringt die Mofa GmbH in Wittenberg einen Viertakt- Hilfsmotor mit 1,3 PS, Vorderradantrieb, Leerlauf und Kupplung auf den Markt. Mit Kettenantrieb auf das Hinterrad funktioniert der Fahrrad-Hilfsmotor von Kirchheim in Magdeburg, der 1922 erscheint und anstelle des Gepäckträgers über dem Hinterrad angebracht wird. Im gleichen Jahr entstehen ähnliche Motoren, u.a. bei den Otto-Werken in München (Flottweg) oder bei DKW in Zschopau/Sachsen. Opel bringt einen Einbaumotor, der neben dem Hinterrad montiert wird. In den dreißiger Jahren dominieren die Motorfahrräder, die schon als Mofas bezeichnet werden. Es sind Krafträder mit einem Motor mit meistens 100 ccm ohne Kickstarter, der mit drei PS etwa 60 km/h Höchstgeschwindigkeit erreicht. Das besondere Merkmal des Mofas ist die Tretkurbel, die zum Starten, bei Steigungen und beim Bremsen benötigt wird. Das prominenteste Mofa, die NSU Quick, erscheint 1936 und wird noch nach dem Zweiten Weltkrieg gebaut.

Die direkten Vorfahren des Mopeds aber sind die Fahrräder mit Hilfsmotor, deren Entwicklung in der Krisenzeit nach dem Zweiten Weltkrieg einen Höhepunkt erreicht. Sie sind nicht nur die kleinsten Einheiten motorisierter Zweiräder, sie sind auch die billigsten und am schnellsten realisierbaren Kraftfahrzeuge. An Motorräder oder gar Autos ist in den Wirren der Nachkriegszeit kaum zu denken. Aber Fahrräder sind aufzutreiben, man kann sie ohne fremde Hilfe instand setzen. Also müssen Einbaumotoren her, denn wie soll der Wiederaufbau ohne Mobilität jemals gelingen? Gefragt sind leistungsfähige Kleinstmotoren, die mit 18 bis 50 $m^3$ Hubraum und 0,75 bis 1,5 PS auf den Markt kommen. Für die Unterbringung des Motors und die Kraftübertragung auf das Rad werden die verschiedensten Möglichkeiten geboten. Durch Reibrolle, Kette oder Keilriemen können sowohl das Hinterrad als auch das Vorderrad angetrieben werden.

Auf Dauer stellt sich jedoch heraus, dass das seit Jahrzehnten auskonstruierte Fahrrad wohl die menschliche Muskelleistung, nicht aber die fünf- bis sechsfache Leistung der Hilfsmotoren verkraften kann. Die Folgen sind gerissene Speichen, ausgeschlagene Steuerlager, Rahmenschäden, Gabelbrüche usw. So werden die Hersteller veranlasst, mit stärkeren Fahrgestellen und verschiedenen Zubehörteilen zu reagieren. Auch der VFM reagiert: Er setzt ein Preisausschreiben aus, bei dem ein neuer Name gesucht wird, der die nicht mehr zutreffende Bezeichnung „Fahrrad mit Hilfsmotor" ablösen soll. Gewinner ist die süddeutsche Ilo, die mit der Einsendung „Moped" für den neuen Begriff sorgt.

So beginnt also 1953 der Bau von Mopeds, die stärkere Spezialrahmen, einfache Vorderradfederungen, 50 m³ Motoren, Kupplungen und zwei Gänge aufweisen. Das Moped gewinnt schnell an Bedeutung, und bereits 1953 werden etwa 130.000 Mopeds hergestellt. Die Fahrradproduktion geht um dieselbe Stückzahl zurück. Die behördlich vorgeschriebene Gewichtsbegrenzung auf 33 kg erweist sich für stabile Mopeds als zu gering. Erst seitdem die Begrenzung aufgehoben ist, gibt es wirklich leistungsfähige, haltbare und verkehrssichere Mopeds mit guter Federung und ausreichenden Bremsen. Das Äußere wird immer ansprechender, höhere Stückzahlen bedingen zudem rationellere und deshalb preisgünstigere Fertigungsmethoden. 1955 erreicht die Mopedproduktion ihren Höhepunkt: 779.145 Stück werden gebaut. 1956 sind es 618.649 Stück. Der Bestand an Mopeds in der Bundesrepublik beträgt etwa zwei Millionen. Im Vergleich dazu: Motorräder 2,1 Millionen, Motorroller 0,3 Millionen.

Die Qualität des Mopeds steigt. Dreiganggetriebe kommen hinzu, gute Vorder- und Hinterradfederungen, schnittigere Linien und farbenfreudige Lackierungen. Trotz der behördlichen Geschwindigkeitsbegrenzungen auf 40 km/h fordert die Jugend sportlich aussehende Mopeds. Die Hersteller reagieren mit schnittigen, attraktiven „Angeber-Modellen" mit großem Satteltank. Auch Zweisitzer kommen auf den Markt. Nahezu zwangsläufig entsteht aus diesen Mopeds mit Pedalen das Kleinstkraftrad mit Kickstarter und Fußrasten, das „Mokick" genannt wird. Aber trotz aller Bemühungen der Industrie zeigt die Produktionskurve Ende der fünfziger Jahre nach unten. Der Nachholbedarf ist gedeckt. Die Zeitschrift „Das Moped" schreibt 1957: „Die Beruhigung auf dem Mopedmarkt ist keine Katastrophe, eine Bereinigung des Typenwirrwarrs musste kommen". 1958 fällt die IFMA mangels Rentabilität aus, und 1960 sind die meisten der in diesem Buch genannten Hersteller vom Markt verschwunden.

**Vorläufer der Mopeds: Fahrrad mit Hilfsmotor (NSU 1931, Damenversion )**

**Typisches Moped der ersten Generation: Die NSU Quickly startet 1953**

**„Angeber"-Modell zu Beginn der sechziger Jahre: Victoria Avanti**

# ABC des Mopedfahrens

**Abschmieren:** Mit Presse und Fett überall dort, wo ein Schmiernippel sitzt, bis das alte Fett mit dem Schmutz aus den Fugen quillt. Nur nicht an Bremsnaben!

**Abstellen** und vorher den Benzinhahn schließen erleichtert den nächsten Start.

**Auspuff-Anlage** bedarf bei Zweitaktern von Zeit zu Zeit der Reinigung. Sie beginnt am Auspuff-Schlitz des Zylinders.

**Bedienungs-Hebel:** Sage mir, wie schwer sie gehen, und ich sage Dir, wie schlecht Du pflegst.

**Caramba:** Spezial-Öl, sehr dünnflüssig, mit Graphit und guten Kriecheigenschaften. Dringt in rostige Gewinde, Scharniere, Bowdenzüge, Blattfedern und Gelenke.

**Chrom:** Nach dem Abwaschen mit Öl einsprühen.

**Gas-Drehgriff:** Achte auf die ersten gebrochenen Drähte der Bowdenzug-Seele. Zu einem sichtbaren Bruch gehören drei unsichtbare; der Rest bricht schnell. Ein Tropfen Öl hat hier nie geschadet.

**Klingeln:** „Pinking" nennt es der Engländer, um sich verständlich zu machen. Es tritt im Zylinderkopf auf, wenn die Gase neben der Zündkerzenzündung eine Selbstzündung aus Überhitzung erfahren. Richtiger Zündzeitpunkt, Entkohlung oder fettere Vergaser-Einstellung sind die ersten Mittel zur Abhilfe.

**Kraftstoff-Hahn** hat mehrere Siebe, die hin und wieder einer Reinigung bedürfen.

**Kupplung** soll Spiel im Bowdenzug haben – und zwar unten, nicht nur oben. Wenn Kupplung im Öl läuft, dann möglichst nicht in zu dickem. Öl der Jahreszeit anpassen.

**Lackierung:** Nicht nur reinigen, sondern auch fetten – am besten mit wachshaltigen Spezialpräparaten. Bohnerwachs und Schuhputz gut geeignet.

**Lenkung** auf Spiel prüfen und sorgfältig spielfrei einstellen. Mit Spiel in den Steuer-lagern fahrend, kommst Du in den Verdacht, unter Alkoholeinwirkung zu stehen.

**Luft-Filter** ist nur solange ein Filter, wie reines Öl im Filter-Einsatz den Staub abfängt. Nach jeder gründlichen Waschung trocknen und gut mit SAE 50 einölen.

**Magnet-Stab:** Spänefänger an der Öl-Ablass-Schraube. Sollte auch mal gereinigt werden, bevor Ölwechsel fällig wird (Fahrzeug flachlegen).

**Naben:** Ja nicht zu viel Fett! Erstfüllung sollte für Jahre reichen. Hin und wieder Abrieb aus den Bremsen entfernen.

**Original-Ersatzteile:** Gewähr, das richtige Teil für den richtigen Preis zu erhalten.

**Reifen-Pflege:** ist Luftdruck-Überwachung und Profil-Feinschnitt

**Rostige Muttern:** An Kotflügeln und in Bodennähe mit Caramba einweichen – nur mit dickem Fett wieder anziehen.

**S.A.E.:** Abkürzung für die Bezeichnung der Ölzähflüssigkeit. SAE 10 = dünnes Winteröl. SAE 50 = mitteldickes Sommeröl. SAE 90 = dickflüssiges Getriebeöl (siehe Werksangaben)

**Sattel-Drehgelenk** mit Fett, wenn Nippel mit Öl, wenn Loch vorgesehen ist, schmieren so oft sich Gelegenheit bietet.

**Scharniere** sind stets für etwas Öl dankbar; bitte recht dünn oder Caramba.

**Störungssuche:** Notzustand eines Fahrers, der sein Fahrzeug dürftig pflegt. Richtiger Zündfunke, einwandfreier Benzinfluss und gesunde Kompressionen kennzeichnen den Weg zum Erfolg.

**Tacho-Antrieb** stetig, jedoch sehr vorsichtig, mit Fett schmieren.

**Tele-Gabel:** Öl nach Vorschrift des Herstellers. Nicht zu viel, nicht zu dünn; nicht zu dick, nicht zu wenig. Tele-Gabeln sind empfindlich.

**Unterbrecher-Abstand** in abgehobenem Zustand 0,3-0,4 mm stimmt für alle Typen von A bis Z. Ebenso die gelegentliche Schmierung des Nocken-Schmierfilzes mit Heißlagerfett und der Unterbrecher-Buchse mit einem kleinen Tropfen Öl. Vorsichtig mit Holzspan auftragen.

**Vergaser:** Reinigen – aber mit Sorgfalt und Verstand. Einstellung nach Werkvorschrift beachten. Eigene Spareinstellungen werden häufig mit Motordefekten bezahlt.

**Vergaser-Einstellung** betrifft: Hauptdüse, Nadeldüse, Nadelstellung (Einhängerkerbe von oben gerechnet), Leerlaufdüse, Leerlauf-Luftschraubenöffnung (Anzahl der Umdrehungen vom geschlossenen Zustand aus gerechnet). Z.B. 120, 1608, III, 35, 1½. Die unterstrichenen Werte sind auf den Düsen ablesbar, die anderen sind bei der Einstellung oder Überprüfung zu zählen. Sonderausführungen von Düsen-Nadeln oder Gas-Schiebern sind zusätzlich vermerkt.

**Versoffen** ist ein Motor, wenn er so großen Überschuss an Brennstoff im Luft-Brennstoff-Gemisch ansaugte, dass die Kerze davon nass wird und die Zündung versagt. Benzinhahn zu, Luftschieber auf und tüchtig anstarten bringt die Rettung. In hartnäckigen Fällen eine angewärmte Zündkerze.

**Zündkerze:** Der Wärmewert wird bestimmt nicht nur durch den Motor, sondern mehr noch durch die Fahrweise. Zahme Fahrweise: niedriger Wärmewert. Forsche Fahrweise: hoher Wärmewert.

**Zünd-Zeitpunkt** nur bei korrektem Unterbrecher-Abstand prüfen (Werksangaben beachten).

**Zweitakt-Motoren:** Bei Einfahrbetrieb mehr Öl zum Brennstoff als für Normalbetrieb. Ein Satz größerer Düsen während der Einfahrzeit bringt dem Kolben sehr gesundes Laufbild und große Lebensdauer. Bestes Mittel, um „Klemmer" und „Fresser" zu vermeiden.

*„Der Motorradkatalog 1956/1957" (Gilde Fachverlag)*

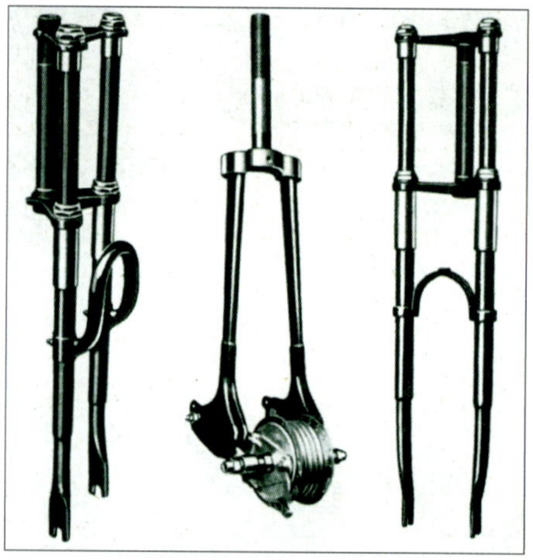

**Markana Metallwarenfabrik Wassermeyer in Schwelm: Vorderrad-Federungen (1955)**

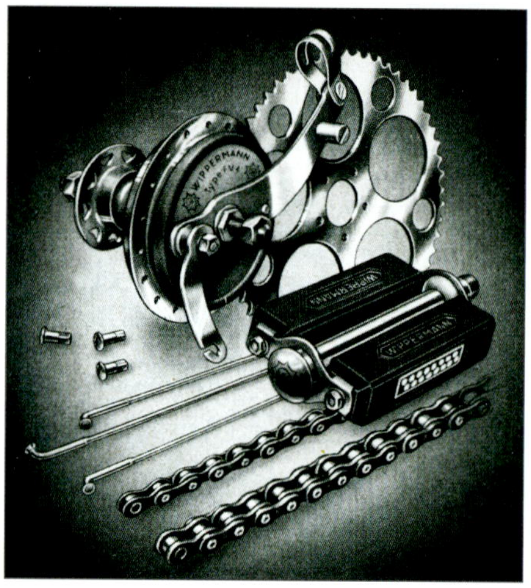

**Wippermann Jr. GmbH in Hagen-Delstern: Naben, Pedale, Ketten (1955)**

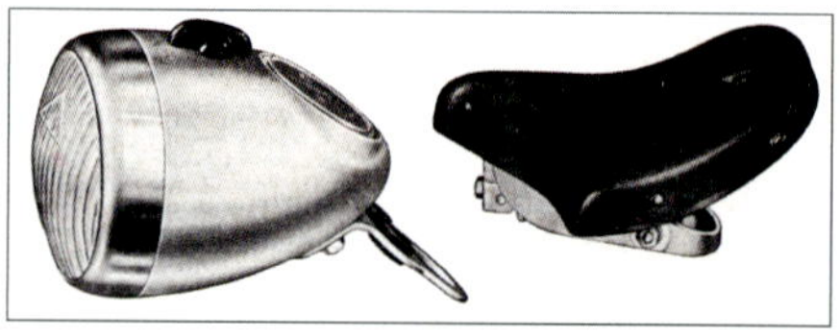

**Lohmann Werke AG in Bielefeld: Sättel, Scheinwerfer, Taschen (1955)**

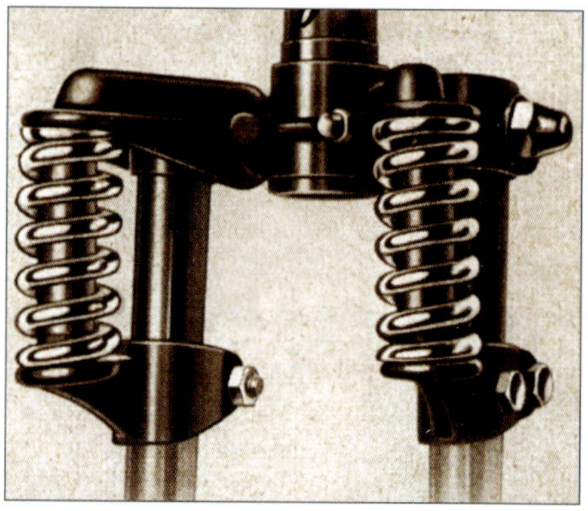

**Mersch & Biebighäuser in Opladen: „Ideal"-Elastic Gabeln (1955)**

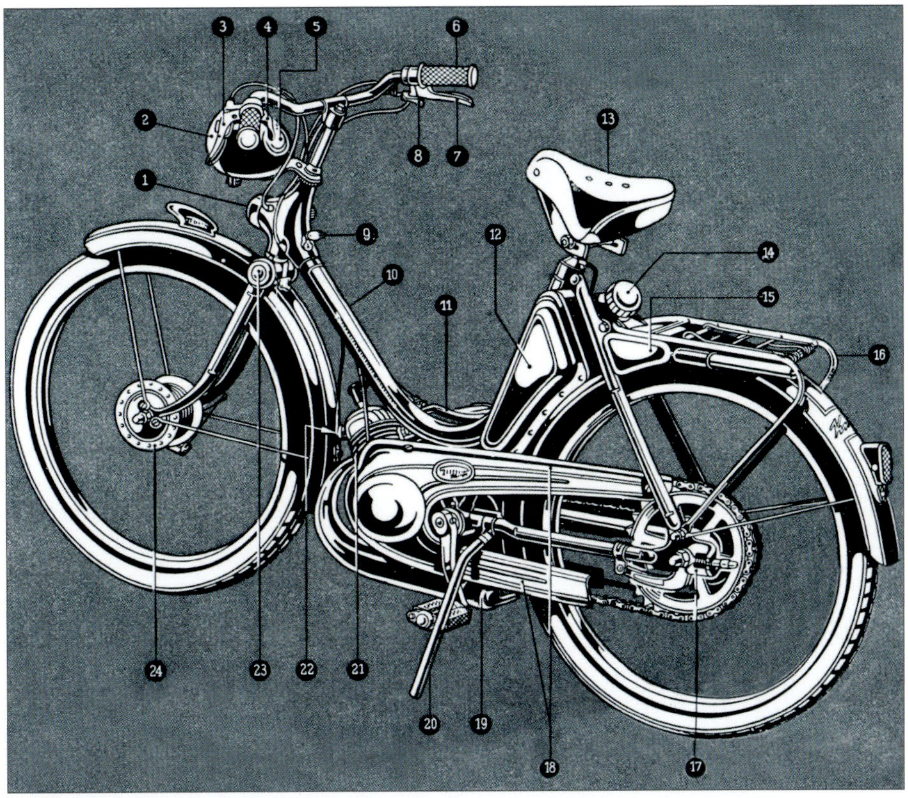


**Aufbau des Mopeds am Beispiel der Triumph Knirps: 1 Glocke, 2 Scheinwerfer, 3 Kupplungshebel mit Kupplungssperre, 4 Glockenhebel, 5 Einbaumöglichkeit für Tacho, 6 Gasdrehgriff, 7 Vorderradbremshebel, 8 Dekompressionshebel, 9 Diebstahlsicherung, 10 Rahmen, 11 Traggriff, 12 Kraftstoffbehälter mit Reservehahn, 13 Schwingsattel, 14 Einfüllöffnung, 15 Werkzeugbehälter, 16 Gepäckträger mit Luftpumpe, 17 Ausfallenden zum schnellen Ein- und Ausbau des Hinterrads, 18 Kettenschutz, 19 Auspuffanlage, 20 Kippständer, 21 Zweitaktmotor, 22 Dekompressionsventil, 23 Schwinggabelfederung, 24 Vollnabenbremse. Die Triumph Knirps kommt 1953 auf den Markt**

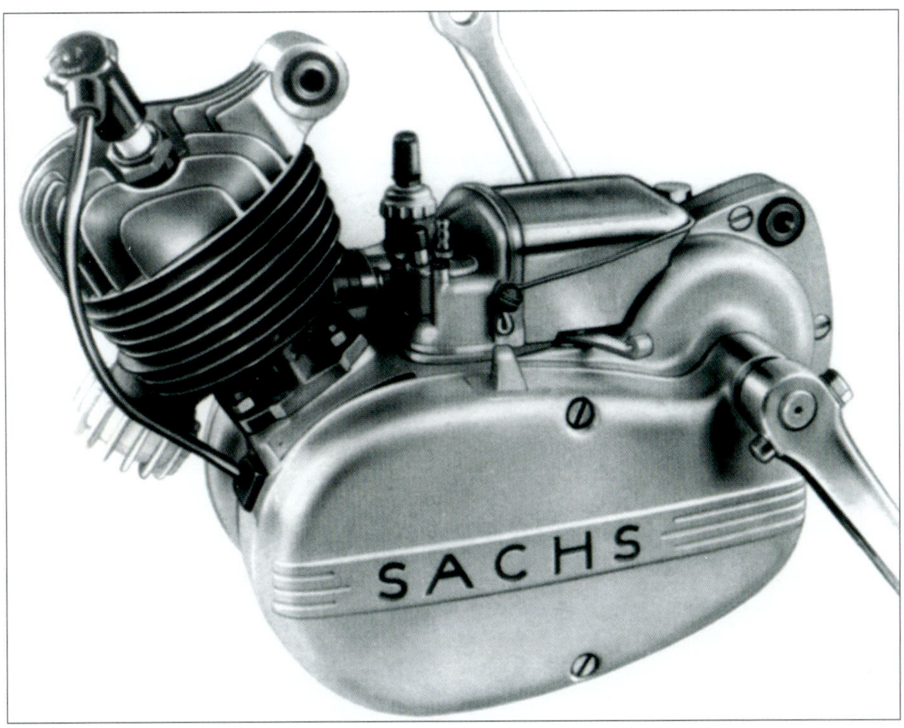


**Mopedmotor Sachs 50 mit integrierten Tretkurbeln**

## Motorstörungen

**1. Motor springt nicht an**
Ursache: Kraftstoffhahn nicht geöffnet, Tupfer nicht bedient. Verstopfte Düsen. Vergaser zu stark überschwemmt (Motor ersoffen). Zündung nicht eingeschaltet. Defekte Kerze. Schwacher Zündfunke. Elektroabstand der Kerze zu groß. Kerze hat durch Schmutz, Wasser oder Öl Kurzschluss.

**2. Motor springt schlecht an**
Ursache: Gemisch zu mager (tupfen). Leerlaufdüse verstopft. Zündkerze verschmutzt oder verölt. Elektrodenabstand der Zündkerze zu groß oder zu klein (schwacher Zündfunke). Wasser im Kraftstoff.

**3. Motor springt an,**
bleibt aber nach kurzer Zeit stehen. Ursache: Vergaser leer, weil Kraftstoffhahn geschlossen.

**4. Motor springt an,**
bleibt aber beim Gasgeben stehen. Ursache: Hauptdüse oder Kraftstoffleitung verstopft, Motor noch zu kalt. Vergaser schlecht einreguliert.

**5. Motor springt an,**
knallt aber im Vergaser beim Gasgeben (Patschen oder Niesen). Ursache: Maschine sehr kalt, Gemisch zu kraftstoffarm. Verstopfte oder zu kleine Düsen. Vergaser schlecht einreguliert (schlechte Übergänge). Zuviel Spätzündung. Undichte Saugleitungen.

**6. Motor springt an,**
arbeitet aber unregelmäßig und stottert beim Gasgeben. Ursache: Gemisch zu fett (kleinere Düsen einsetzen, Nadelstellung im Gasschieber ändern, ausgeschlagene Nadeldüse). Luftfilter verschmutzt. Schwimmer läuft über. Zündung setzt aus. Kerze verölt oder verrußt.

**7. Motor läuft,**
knallt aber im Auspuff. Ursache: Zündung setzt aus. Gemisch zu mager.

**8. Motor klopft oder klingelt**
Ursache: Zuviel Frühzündung, Kraftstoff nicht klopffest. Zu hohe Verdichtung. Glühzündung infolge glühender Ölkohle oder Kerzenteile. Zu kleine Hauptdüse.

**9. Motor hat keine Leistung**
Ursache: Gemisch zu mager oder zu fett. Zu wenig Frühzündung. Auspuff stopft. Kolben undicht. Ansaug- oder Auspuffschlitze durch Ölkohle verstopft. Ventilöffnungszeiten nicht richtig eingestellt. Luftfilter verschmutzt. Bremsen schleifen. Reibungsverluste in den Triebteilen.

**10. Schwimmergehäuse läuft über.**
Ursache: Fremdkörper aus dem Kraftstoff oder Tank auf dem Schwimmernadelsitz. Schwimmer undicht. Schwimmernadel aus der Klemmfeder des Schwimmers gesprungen.

*„Der Motorradkatalog 1956/1957"*

# Achilles

Im Jahr 1894 in Böhmen: Auf selbstgefertigten Fahrrädern besuchen die Firmengründer A. Schneider und W. John ihre Kunden. Zu verkaufen haben sie Teile für Fahrräder, die sie eigenhändig an Schraubstock und Drehbank herstellen. Fahrräder haben Konjunktur, die Geschäfte gehen gut, und die Firma wird zunächst nur durch den ersten Weltkrieg gebremst. Dann übernimmt Schneiders Schwiegersohn Weikert das Werk, das inzwischen auch Fahrräder, Mofas und Motorräder produziert. Mit ungewöhnlichem Schaffensdrang gelingt es Weikert, die Achilleswerke zu einem bedeutenden mittelständischen Unternehmen auszubauen. Als die Firma zum Ende des Zweiten Weltkrieges enteignet wird, sind dort 2 400 Mitarbeiter beschäftigt.

1948 beginnt der Wiederaufbau in Wilhelmshaven. Nach einem Jahr wird die soeben begonnene Fahrradproduktion durch einen verheerenden Brand gestoppt. Entmutigt ist man bei Achilles nicht: Das Werk wird wieder errichtet, und die 1950 eingegangene Verbindung mit Schweizer Konstrukteuren führt zur Produktion von erfolgreichen Motorrollern und Mopeds.

**Inserat von 1955 aus „Moped-Handbuch" (Bielefelder Verlagsanstalt)**

## Moped A7

ist der schlichte Name des ersten Achilles-Mopeds, das 1953 auf der IFMA vorgestellt wird. Es ist wahlweise mit Sachs-, Zündapp- oder Ilomotoren erhältlich und fällt durch eine außergewöhnliche Rahmenkonstruktion auf: Ein langgezogener, völlig gerade geführter Pressstahl-Tankrahmen gibt dem Moped ein eigenwilliges Aussehen. Die Parallelogramm-Vordergabel und die Hinterrad-Schwinggabel sind mit doppelkegelförmigen, progressiven Federn ausgestattet. Anfang 1954 beginnt die Auslieferung. Wegen der geringen Nachfrage entschließt man sich schnell zu durchgreifenden Änderungen. Eine neue, schnittige Rahmenkonstruktion wird entwickelt, und ein richtiger Name muss her: Capri!

**Das erste Achilles Moped (1954) mit Parallelogramm-Vorderradgabel**

## Capri

Das neue Modell kommt gut an. Die geschlossene, glattflächige Form mit dem integrierten Scheinwerfer, die extrabreiten Kotflügel: rundum ein harmonisches Fahrzeug. Wie beim Vorgänger werden Einbaumotoren von Sachs, Zündapp und Ilo angeboten. Der durchstiegsfreie Stahlblechrahmen in Pressschalenbauweise ist verschweißt. Der tragende Tank ist mit Reservehahn und Schauglas ausgestattet. Die ebenfalls aus Stahlblech gepresste Vordergabel verfügt über einen Abblendschalter und ist auf Wunsch mit eingebautem Tacho zu bekommen. Die Blankteile sind verchromt. Pumpe, Werkzeugbehälter mit Inhalt, Rückstrahlpedale, Signalglocke, Seitenstütze, Gepäckträger, Tragegriff, Rahmenschoner: alles inklusive! Aufpreis wird fällig beim Steckschloss, dem elektrischen Horn und bei einer Zeituhr.

**Zweifarbig lackierte Achilles Capri Luxus von 1955 in der 1,25 PS-Version. Der 47 ccm Einzylinder Zweitaktmotor von Sachs verbraucht 1,3 Liter auf 100 km. Die Capri ist 1820 mm lang, 640 mm breit und 950 mm hoch. Radstand 1170 mm, Bodenfreiheit 120 mm. Als Sonderausstattung lieferbar: Tachometer mit Kilometerzähler, elektrisches Horn und Uhr. Die Zweifarbenlackierung kostet 8 DM extra**

## Capri Luxus

1955 bekommt die Capri einen feinen Bruder: Capri Luxus. Mit diesem Modell eröffnet sich für die Achilles-Werke ein Markt in fast allen europäischen Ländern. Die Produktion wird 1955 um das sechsfache gesteigert. In drei Farben wird die Luxus-Ausführung angeboten: capribeige, bordeauxrot und elfenbeinschwarz mit beigefarbener Linierung. Als Motoren stehen Zündapp oder Ilo zur Wahl, jeweils Zweigang mit Kickstarter, luftgekühlt. Das Hinterrad hat eine Schutzblechverkleidung erhalten, und auch Motor und Kette sind besonders „eingepackt“. Die Sonderausstattung hat sich um Weißwandreifen erweitert.

## Capri 1956

Keine Neuschöpfung, aber nochmals in einigen Details verbessert, präsentieren die Wilhelmshavener ihr Moped zu Beginn des Jahres 1956. Beim Motor hat man nicht mehr die Auswahl: Es wird ausschließlich

**Achilles Capri Luxus von 1956 mit 1,6 PS Motor von Sachs, Zweigang-Getriebe, Pressstahlrahmen, vorn Schwinge, hinten Teleskopfederung, Gewicht 40 kg, Preis 627 DM, Aufpreis für Hinterradfederung 12 DM**

**Glasplattendia, das die Firma Krieger aus Remels zur Kinowerbung einsetzte**

**Mit stylisch anmutendem Chromgitterkorb: Achilles Lido. Angetrieben wird die Lido von dem 1,25 PS Sachs Motor, der auch in der Capri eingebaut ist. Das Moped „für verwöhnte Damen und Herren", wie es in der Werbung heißt, kostet 596 DM**

der Zweitakt Sachsmotor mit Pedalkickstart eingebaut. Der Stahlblechrahmen wird jetzt auf Tiefziehpressen und mit elektronisch gesteuerten Schweißanlagen gefertigt. Der Sattel hat eine weichere Federung bekommen und der Scheinwerfer einen Lichtschirm. Die gravierendste Neuerung: Vier verschiedene zweifarbige Lackierungen und eine einfarbige stehen zur Auswahl: Bronze-cognac, kongogrün-nilsand, bronze-beige, rasparot-kokoscrem.

## Lido

Im Oktober 1956 ist bei Achilles eine eigenwillige Neuschöpfung fällig. Die Lido wird erstmals auf der IFMA gezeigt und erregt großes Interesse. Nicht übertrieben sportlich, aber doch mit sportlicher Note, zählt das neue Modell gleich zu den rassigsten und modernsten Maschinen. Die hervorstechensten Merkmale: Der Lenker verfügt über eigens entwickelte Innenzugdrehgriffe und gestattet ein vorzügliches Bedienen der Lenkerarmaturen. Kabelgewirr entfällt. Das Armaturenbrett in Schalenbauweise ist für Tachometer und Zeituhr ausgebildet. Eine gelungene Konstruktion ist der eigenwillig geformte Gepäckträger, der über einen eingebauten verschließbaren Werkzeugkasten verfügt und statt des Sattels auch eine Sitzbank aufnehmen kann. Die Motorabdeckung ist fast revolutionär. Bis über die Teleskopgabel des Hinterrades ist der Motor mit einem Chromgitter verschalt. Der Chromgitterkorb gewährt trotz starker Verkleidung des Motors ein bequemes Herankommen an die Zündkerzen. Die Super-Ballonreifen sind mit verchromten, gepunzten Felgen ausgerüstet.

Die Lido, „das Moped der Zukunft", wie es in der Werbung heißt, hat keine Zukunft. Es wird nicht mal ein ganzes Jahr gebaut, weil die Achilles-Werke zusammenbrechen. Die Gründe dafür sind heute nicht mehr vollständig aufzuzeigen. Fest steht jedoch, dass die Firma Mitte der fünfziger Jahre kräftig investierte und modernste Fertigungsanlagen anschaffte. Die kurze

**Prospekt von 1956**

Zeit später einsetzende Absatzflaute für Zweiräder kommt für Achilles somit zu früh: Die Investitionen haben sich nicht rechtzeitig amortisieren können. Die Anlagen werden von einer englischen Firma aufgekauft. Abschließend bleibt festzuhalten, dass die eigenwilligen Mopeds und auch der Sport-Roller durchaus einen Platz in der weiteren Zweiradgeschichte der Bundesrepublik verdient hätten.

## Adi

Die Firma ADI-Fahrzeugbau in Berlin-Neukölln ist in den fünfziger Jahren bekannt durch ihre kleinen Dreiradwagen. Ende 1954 erscheint dort das erste Moped. Es ist mit dem 1,7 PS Zweitakt-Ilo-Motor ausgerüstet, verfügt über zwei Gänge und verbraucht 1,5 Liter. Der Einrohrrahmen hat vorn eine Teleskopgabel und hinten Schwingarmfederung. Der Preis des ersten Adi-Mopeds: 585 DM. Anfang 1955 kann man anstelle des Ilo-Motors auch einen 1,25-PS-Sachs-Motor bekommen. Noch im selben Jahr wird die Adi verbessert. Mehr Chrom wird angeboten, Weißwandreifen sind lieferbar sowie eine üppige Verkleidung der Reifen und des Motors.

1956 bringt Adi eine Exportversion auf den Markt, die mit einer Doppelsitzbank ausgestattet ist. Weil das Sitzrohr mit dem Hinterrad nicht verkleidet wird, wirkt die Doppelsitzbank sehr eigenartig.

Ebenfalls 1956 erscheint ein dreirädriges Lastenmoped. Weil sich die Last im anhängerähnlichen Anbau hinter dem Fahrer verstaut wird, ist unbehinderte Sicht nach vorn garantiert. Auf die Pritschengrundfläche von 70 x 90 cm kann man einen geschlossenen Kasten mit Deckel aufbauen, der von Adi gegen geringen Aufpreis mitgeliefert wird. Eine Vorderrad-Spezialschwinge mit Federbeinen gleicht die Unebenheiten der Straße aus. Das Gewicht ohne Kasten beträgt 55 kg. Die Tragfähigkeit wird mit etwa 150 kg angegeben. Der Preis: Offen 960 DM, mit Kasten und Deckel 995 DM. 1957 ist bei Adi wegen der allgemeinen Absatzkrise Schluss mit dem Mopedbau.

**Die Adi mit 49 ccm 1,7 PS Ilo-Motor wiegt 38 kg und wird für 655 DM angeboten**

**Der 47 ccm Sachs Motor leistet 1,25 PS und verbraucht 1,5 Liter auf 100 km**

**Pfiffig konstruiertes Lastenmoped von Adi**

## Adler

Das Frankfurter Werk, das schon um die Jahrhundertwende Motorräder baut und im Automobilbau auf eine große Tradition verweisen kann, macht im Motorradbereich nach dem Zweiten Weltkrieg auf sich aufmerksam: Die M 100 mit einer eigenwilligen Schwinghebelfederung ist eine völlig neue Konstruktion. Als Adler 1957 über Triumph von Grundig erworben wird, bildet sich eine Moped-Dreiergemeinschaft aus Triumph, Hercules und Adler mit dem Ergebnis, dass bei Hercules gebaute Mopeds auch unter der Bezeichnung Adler angeboten werden. Es handelt sich um die Typen Adler-Export und Adler-Sport, beide mit Sachs-Motor ausgestattet, den man wahlweise mit Zwei- oder Dreiganggetriebe bekommen kann.

**Adler Sport mit Motor von Sachs**

## Amo

Einer der wenigen Mopedhersteller, der eigene Motoren in seine Mopeds einbauen kann, ist die Amo-Motorengesellschaft in Berlin-Schöneberg. Der Amo-Motor FM 50 K ist der einzige Mopedmotor, bei dem Zylindermantel und Motorengehäuse zusammengegossen sind. Der Zylindermantel ist also auch in der Längsrichtung geteilt und die allseitig bearbeitete Gusslaufbuchse zwischen den Hälften eingespannt. Der Motor hat nur ein einziges, festes Vorgelege mit groß bemessener Spreizringkupplung. Der Einbau erfolgt in Tretlagernähe oder (bei Amoped und Amoretto) links neben dem Hinterrad.

Zunächst ist der Amo-Motor nur für den Anbau an gewöhnliche Fahrräder bestimmt, aber 1953 gibt es bei Amo das erste Moped, eine Fahrrad-Doppelrohrkonstruktion, die zunächst als „FM 50 K“ bezeichnet wird. 1954 erhält die Amo einen Einrohr-Tankrahmen und den Namen „Amoped“. Besondere Aufmerksamkeit erwirbt sich aber erst die Nachfolgerin der Amoped, die „Amoretto“.

Hierbei hat sich Amo den Umstand zu Nutze gemacht, dass behördlicherseits gegen eine Überschreitung der Moped-Gewichtsgrenze durch nachträgliche Anbauten nichts eingewendet wird. So liefert sie für die Amoretto einen karosserieähnlichen Aufbau, der das Gefährt schnell und einfach in ein Roller-Moped mit weitgehendem Schmutz- und Witterungsschutz für den Fahrer verwandelt. Die Verwandlung kann man selbst in wenigen Minuten vornehmen: das Gestell des 40 cm breiten Frontblechs wird an den beiden Befestigungsbolzen des Tanks am Hauptrohr angeschraubt. Das ebenfalls anschraubbare Mittelteil leitet zur rückwärtigen „Karosse-

**Inserat von 1954**

**49,7 ccm Amo-Motor mit 1,4 PS**

**Die Amoretto ist eines der eigenwilligsten Mopeds der fünfziger Jahre: Man kann sie auch entkleiden**

rie“ über, die nach Abnehmen des Sattels einfach über das Sattelrohr und das hintere Schmutzblech gestülpt und an vier Punkten des Rahmenhinterbaus festgeschraubt wird. Gummieinlagen verhindern das Klappern. Die „Karosserie“ verhüllt links den Motor und die Antriebsteile, während die rechte Seite als Gepäckraum und Werkzeugbehälter ausgebildet ist. Trotz dieser guten Idee wird auch die Amoretto kein Verkaufserfolg. Das Gefährt ist weder an- noch ausgezogen attraktiv, es wirkt zu eigenartig und bereits 1956 verschwindet die Amoretto vom Markt.

# Amor

Von der Fahrzeug- und Motorenbaufirma Alfons Mohr in Hausen bei Mayen (Nettetal) wird 1958 ein Sportmoped unter der Bezeichnung Amor-Special angeboten. Als Triebwerk ist der Ilo-Piano mit drei Gängen eingebaut. Der Pressrahmen wird ergänzt durch eine Teleskopgabel, die sehr sportlich wirkt und einen ausreichenden Federweg aufweist. Die Hinterschwinge verfügt über kräftige, langhubige Federbeine. In sportrot wird das schicke Gefährt geliefert, der Tank ist perlgrau abgesetzt.

# Anker

Die traditionsreichen Anker-Werke in Bielefeld stellen nach dem Zweiten Weltkrieg Motorräder bis 1952 her. Dann erfolgt die Übergabe der Motorradproduktion an die Paderborner Maschinenfabrik AG (Pamag). Diese gibt bereits 1953 die Motorradproduktion auf, und somit ist die Anker-Zweiradgeschichte eigentlich zu Ende. 1956 aber übernimmt die Braunschweiger Zweiradvertriebs-GmbH, die den Pantherwerken angeschlossen ist, die Markenbezeichnung „Anker“ samt Signet für Mopeds, die bei Panther gebaut werden. Drei Jahre, von 1956 bis 1958, werden die Anker-Mopeds angeboten, von denen fünf Varianten auf dem Markt sind, die allesamt mit dem Einzylinder Zweitaktmotor (47 ccm, 1,25 PS) von Sachs ausgerüstet sind.

Die AFS-5023 (AFS = Anker/Fichtel & Sachs) hat einen Zweigangmotor und Pedalkickstarter und wird in taubenblau

**Anker AFS 5023: Das 37 kg leichte Einstiegsmodell von 1956 kostet 591 DM**

**Anker AFS 5023 Luxus von 1956: Viel Verkleidung für das 41,5 kg leichte Gefährt**

**Anker AFS 5023 Luxus von 1958. Zweigang: 657 DM, Dreigang: 711 DM**

**Die Anker AFS 5625 von 1958: Zweigang 695 DM, Dreigang 745 DM**

angeboten. Die AFS-5023-Luxus verfügt über umfangreiche Verkleidungen, hat eine Sitzbank und ist in cocktailbraun lackiert. Sie ist auch mit Dreiganggetriebe lieferbar, wobei der Kettenkasten geschlossen ist. Die AFS-5625 nennt sich zusätzlich „Jubilar 80“ und man kann ebenfalls zwischen Zweigang- und Dreiganggetriebe wählen. Die Dreigängige verfügt zusätzlich über die HR-Sachs-Nabe mit Steckachse. Beide Maschinen werden in blau-silbergrau geliefert. Eine Doppelsitzbank mit Kunstlederbezug ist für 22 DM Aufpreis zu haben.

# Ardie

Das erste Ardie-Motorrad wird 1919 von Arno Dietrich in einer kleinen Landmaschinenfabrik in Nürnberg gebaut. 1922 verunglückt Dietrich bei einer Probefahrt tödlich. Der Betrieb wird von seiner Witwe weitergeführt und macht durch Rennsporterfolge auf sich aufmerksam. Bis 1925 werden eigene Motoren verwendet, danach bedient man sich der englischen JAP-Motoren. Nach dem Zweiten Weltkrieg beginnt bei Ardie wieder die Entwicklung eigener Motoren und bereits 1949 sind Motorräder mit 125 und 250 ccm auf dem Markt. Bis 1958 werden in den Ardie-Werken Motorräder produziert; zuletzt noch eine Zweizylindermaschine mit 350 ccm Hubraum.

Zum Mopedbau kommen die Nürnberger durch eine Fusion ihrer Muttergesellschaft Barthel-Konzern mit den Bielefelder Dürkopp-Werken. Die Bielefelder freuen sich, über den im süddeutschen Raum sehr renommierten Namen Ardie dort ihre Produkte noch besser absetzen zu können. Das Moped Fratz wird nun von

**Nach der Fusion des Ardie Mutterkonzerns Barthel mit den Dürkopp Werken wird das Dreigangmoped Fratz sowohl von Ardie, als auch von Dürkopp angeboten**

**Das Dreigangmoped Ardie Sport von 1957 mit 1,25 PS wiegt 48 kg und steht mit 720 DM in der Preisliste**

Nürnberg aus mit dem Ardie-Emblem angeboten. (Beschreibungen und Daten der verschiedenen Fratz-Modelle siehe unter Dürkopp).

Aber auch Eigenes kommt auf den Markt, die Ardie-Sport, die zur IFMA 1956 präsentiert wird. Der von Dürkopp übernommene Dreigangmotor MD 50 ist ein luftgekühlter Einzylinder-Zweitaktblockmotor. Der verrippte Leichtmetallzylinder hat eine eingeschrumpfte Grauguss-Laufbuchse. Die Kurbelwelle erhält ein Spezial-Dürkopp-Pleuelnadellager und ist im Gehäuse mit zwei Schulterlagern gelagert. Der Stahlpressrahmen ist das solide Rückgrat der Ardie-Sport und gleichzeitig der Tank. Der aufgesetzte Behälter, der wie der Tank aussieht, dient als Gepäckraum mit verschließbarem Klappdeckel. Obwohl das Sportmodell äußerlich stark von der Fratz abweicht, sind viele gleiche Bauteile verwendet (siehe Dürkopp-Fratz IV).

Bei Ardie werden bis Anfang 1958 Mopeds und Motorräder gebaut. Dann ist Schluss, weil der Barthel-Konzern die Produktionsanlagen für die Herstellung von Schnellmähern benötigt.

## AWD

Die 1921 von August Wurring in Ratingen-Breitscheid gegründete Motorradfabrik stellt bis 1962 ununterbrochen Motorräder in kleinen Serien her. Danach beschränkt man sich auf Einzelanfertigungen, Reparaturen und Restaurierungen von AWD-Maschinen. Mopeds werden bei AWD zwischen 1955 und 1962 hergestellt. Drei solide Einrohrrahmen-Maschinen mit freiem, großem Durchstieg stehen zur Auswahl. Die AWD 1 ist mit Einganggetriebe, die AWD 2 mit zwei Gängen ausgerüstet. Beide Modelle haben eine Vorderradschwinge und eine starre Hinterradachse. Die AWD 3, zweigängig, verfügt über eine Hinterrad-Teleskopfederung. Alle Wurring-Mopeds werden von Ilo-Motoren angetrieben. Eine Dreigangversion, die AWD 4, kommt 1957 auf den Markt, wird aber nur noch in sehr geringer Stückzahl gebaut.

**AWD 1 Eingangmoped von 1955 mit 1,25 PS starkem 48 ccm Ilo-Motor, Gewicht: 32 kg**

**Das Zweigangmoped von AWD 2 hat 7,5 PS, wiegt 32,7 kg und kostet 598 DM**

**AWD SZ 3 von 1958 mit drei Gängen und SZ 4 mit vier Gängen, beide mit 1,75 PS**

## Bastert

In Bielefeld-Heepen werden 1914 die Bastert-Werke gegründet. Sie stellen vor dem Zweiten Weltkrieg Fahrräder und Mofas mit Sachs-Motoren her. In den dreißiger Jahren zählt der Betrieb schon bis zu 400 Mitarbeiter. 1949 beginnt bei Bastert die Motorradproduktion mit Maschinen bis zu 200 ccm, denen Sachs- und Ilomotoren eingebaut werden. Der Motorroller „Bastert-Einspurauto" geht 1952 in Serie und sorgt mit windschnittiger Karosserie für Aufsehen.

Das erste Bastert-Moped B/FP 50 erscheint 1954. Es wird von dem Ilo-FP-

50-Motor angetrieben, verfügt über einen Zentralrohrrahmen aus vierkantigem Rohr und eine Benteler-Vordergabel mit geschmiedeten Leichtmetall-Schwingarmen. Der Lohmann-Schwingsattel ist verstellbar, ebenso der Lenker mit Drehgasgriff. In einem Test der Motorrundschau wird dem Bastert-Moped erstklassige Verarbeitung bescheinigt. 1,5 PS bei 4200 U/min erreichen eine Höchstgeschwindigkeit von 42 km/h, der Verbrauch liegt bei 1,5 Litern, das Gewicht beträgt mit vollem Tank 39 kg und der Preis 546 DM.

1956 sind zwei neue Bastert-Mopeds auf dem Markt: Das Modell B/S 50 mit Zweigang-Sachs-Motor und das B/G 50 mit Zweigang-Ilo-Motor. Beide Mopeds sind mit einem Profilrohrrahmen und der Bastert-Schwingfedergabel ausgerüstet. Hinten ist eine Teleskopfederung eingebaut. 1,25 PS, Verbrauch 1,45 Liter, Gewicht 36 kg, Preis 632 DM. Die neuen Mopeds verfügen über Verkleidungen mit tiefgezogenen Schutzblechen.

**Bastert B/S 50 mit 1,25 PS Sachs-Motor**

**Basterts erstes Moped: B/FP 50 von 1954 mit 48 ccm Ilo-Motor mit 1,5 PS**

**Bastert zeigt Verkehrsminister Seebohm (links) auf der IFMA 1956 die neue B/G 50**

Nachdem 1955 bereits der Motorradbau eingestellt wurde, beendet Bastert 1956 auch die Produktion des Einspurautos und der Mopeds. Man hatte die Absatzproblematik von Zweirädern rechtzeitig erkannt und eine radikale Umstellung der Produktion auf Kunststoff-Verarbeitung vorgenommen.

## Bauer

Die bekannte Fahrradfabrik Bauer in Klein-Auheim bei Hanau, deren Gründung auf das Jahr 1911 zurückgeht, sammelt erste Erfahrungen im Bau von motorisierten Zweirädern kurz vor dem Zweiten Weltkrieg: Bauer stellt Mofas mit Sachs-Motoren her. Nach der Währungsreform 1949 erkennt Bauer die Chance, mit Motorrädern ins Geschäft zu kommen, und präsentiert noch im selben Jahr sein erstes 97-ccm-Einzylinder-Zweitaktmotorrad. Es folgen Motorräder bis 250 ccm, auch mit Ilo-Motoren. Als erstes deutsches Werk entwickelt Bauer eine eigene Teleskopgabel für Motorfahrräder. Auch ein eigener Bauer-Motor kommt zum Einbau, aber an der Entwicklung, die hohen finanziellen Aufwand erfordert, scheitert Bauer und stellt 1954 die Motorradproduktion ein. Gleichzeitig beginnt die Mopedproduktion und bis 1959 werden sieben verschiedene Modelle auf den Markt gebracht. Im Preis liegen die Bauer-Mopeds recht vorteilhaft. Sie sind sorgfältig verarbeitet, verfügen über hochwertige Zubehörteile, und Bauer beweist, dass auch mit handwerklicher Fertigung kleinerer Stückzahlen wirtschaftlich gearbeitet werden kann.

### Bauer B 50 S / B 50 R

Eine fließende, schwungvolle Linienführung zeichnet die ersten Bauer-Mopeds aus, die 1954 vorgestellt werden. Sie sind modern niedrig gebaut und mit dem Sachs-Antrieb ausgestattet, der in einem ge-

**Bauer Mopeds B 50 S: Oben die Ausgabe von 1954 mit schmalem Tank, unten das Modell von 1955 mit breitem Tank. Für den Antrieb sorgt der 48 ccm Sachs-Motor mit 1,25 PS. Die B 50 S kostet in schwarzer Lackierung 505 DM, mit Teleskopgabel 530 DM und in der Luxusausführung mit Leichtmetallfelgen und in roter oder grüner Lackierung 565 DM**

**Das Bauer Zweigang-Moped B 50 SL erscheint 1955 mit dem 47 ccm Sachs-Motor mit 1,25 PS. Es ist 33 kg schwer, 1800 mm lang, 630 mm breit und 970 mm hoch. Der Radstand beträgt 1160 mm, die Bodenfreiheit 125 mm. Der Preis: 630 DM**

schlossenen Blockmotor Kupplung, Zweiganggetriebe, Lichtmaschine, Tretlager, Freilauf und Rücktritt vereint und nur eine Kette aufweist. Die „S" und die „R" unterscheiden sich durch den Rahmentank in selbsttragender Bauweise (bei der „R"). Beide Mopeds sind mit schwarzem oder grünem Metalleffekt-Emaillelack zu haben.

## Bauer Transport-Moped

Das Transport-Moped, auch Gepäck-Moped genannt, verfügt über einen offenen Rohrrahmen. Auf Vorder- und Hinterradfederung wird im Hinblick auf die überwiegende Benutzung im Straßenverkehr, also auf relativ guten Straßen, und wegen der niedrigen Betriebsgeschwindigkeit verzichtet. Eine zusätzliche Tragkraft von 75 kg ist zulässig. Lenker und Gabel sind verstärkt. Der Ladekorb hat eine abklappbare Galerie, wodurch die Ladefläche vergrößert werden kann. Die Standardausführung ist schwarz lackiert. Die grüne Ausführung gibt es für 15 DM Aufpreis.

## Bauer B 50 SK/B 50 SL

Beide Modelle erscheinen 1955. Die SK unterscheidet sich nur in unwesentlichen Äußerlichkeiten von den Vorgängern und durch die Teleskopgabel und den Preis: Sie kostet 50 DM weniger. Bei der SL wird ein teleskopgefederter Rohrrahmen verwendet mit Schwinggabel. Motor und Kette sind vollkommen abgedeckt. Die SL gibt es in modischer beigefarbener Lackierung und mit Weißwandreifen.

## Bauer B 57/B 50 Sport

Dreigang-Mopeds sind bei Bauer ab 1956 zu haben. Beide Modelle werden aber auch mit Zweiganggetriebe geliefert. Das Tourenmoped B 57 verfügt über einen Pressstahlrahmen mit Hinterschwinge (durch Federbeine abgefedert) und Kurzschwinge vorn und breite Schutzbleche mit Seitenabdeckung. Das Sportmoped mit Sitzbank und großem 10-Liter-Tank mit Einbuchtungen weist einen Rahmen in Rohrausführung auf. Hinter- und Vorderradfederung entsprechen nahezu der des Modells B 57. Mit drei Gängen kostet die B 50 Sport 665 DM, mit zwei Gängen 625 DM.

**Bauer Transport Zweigang-Moped von 1957 mit 47 ccm Sachs-Motor mit 1,25 PS**

**Das Bauer Zweigang-Moped B 50 SK wird 1956 zum Preis von 530 DM angeboten**

**Bauer B 50 R: Rahmentank in selbsttragender Bauweise. Dieses Zweigangmoped von 1955 steht mit 580 DM in der Preisliste**

**Das 33 kg schwere Bauer Tourenmoped B 57 mit 47 ccm und 1,25 PS wird mit zwei und mit drei Gängen angeboten**

**Auch die Bauer B 50 Sport ist mit zwei und mit drei Gängen lieferbar**

**Bauer-Inserat im Moped-Katalog von 1956**

# Beckmann

Die ASB (Arbeitsgemeinschaft Schulz-Beckmann) in Bielefeld bringt 1953 neben dem bekannteren ASB-Kleinroller auch ein ASB-Moped auf den Markt, das mit dem Zündapp-Combimot KM 48 ausgerüstet ist. Als Modell KA 300 ist das Moped mit Kettenantrieb zu haben, und die Ausführung mit Keilriemenantrieb nennt sich RA 220. Ein kräftiger Doppelrohrrahmen wird geboten und eine Vorderradfedergabel. Auffallend groß ist die Farbauswahl: havannabraun, pastelliris, grünsilber, azurblau und edelschwarz.

**Beckmann-Moped ASB KA 300**

# Bismarck

Die für ihre Fahrräder so berühmten Bismarck-Werke in Radevormwald, die bereits 1896 gegründet werden, steigen wie viele andere Fahrradhersteller in den dreißiger Jahren ins Mofa-Geschäft ein. Nach dem Krieg geht es 1948 mit Mofas weiter und 1950 werden die ersten Bismarck-Motorräder auf den Markt gebracht. Sie sind mit Ilo- und Sachs-Motoren ausgestattet und werden bis 1956 gebaut. Der Mopedstart beginnt 1953 mit einem sehr schlichten Gefährt mit 49-ccm-Eingang-Ilo-Motor. Das noch sehr wie ein Fahrrad wirkende Moped verfügt über einen Stahlrohr-Tankrahmen, über 26-Zoll-Reifen, hat ein Gewicht von 30 kg und wird für 497 DM verkauft. Danach folgen Mopeds, denen außer Ilo- auch Sachs- und Zündapp-Motoren eingebaut sind. Große Verkaufszahlen können die Mopeds allerdings nicht erreichen und wegen des Rückgangs im Fahrradgeschäft müssen die traditionsreichen Bismarck-Werke 1957 Konkurs anmelden.

## Bismarck 162 MS/162 MS II

Beide Modelle werden von dem Einzylinder Zweitakt Sachs-Motor angetrieben. Die 162 MS ist wahlweise auch mit dem Zündapp-Combimot lieferbar und nennt sich in dem Fall „MZ“. Die 162 MS wird von 1954 bis 1955 gebaut, ist mit einem Einrohrrahmen und Teleskopgabel ausgerüstet, wiegt 38 kg und kostet 598 DM. Sie imponiert durch den niedrigen Bau mit tiefem Schwerpunkt. Die von 1956 bis 1957 gebaute 162 MS II wiegt nur 33 kg, kostet 75 DM weniger und wird in sandgrauer Lackierung mit Linierung angeboten. Der

**Bismarck Zweigang-Moped 162 MS mit 49 ccm Sachs-Motor mit 1,25 PS**

**Die Bismarck 162 MS II kommt 1956 auf den Markt. Für den Antrieb sorgt ebenfalls der 49 ccm Sachs-Motor. Der Preis des 33 kg leichten Zweigang-Mopeds: 523 DM**

**Bismarck-Prospekt von 1956**

Archiv Bernd Regenberg

Stahlrohrrahmen mit Temperguss-Steuerkopf trägt den 5,5-Liter-Satteltank. Das Vorderradblech ist mit Seitenschutz versehen. Für einen eingebauten Tacho werden 17,50 DM zusätzlich fällig.

### Bismarck 198

Das 38 kg schwere Zweigang-Moped Bismarck 198 ist mit 1,7 PS starken Ilo- oder Sachs-Motoren lieferbar. Es ist mit einem Einrohrrahmen und Teleskopgabel ausgestattet. Die 1750 mm lange, 600 mm breite und 980 mm hohe Maschine steht mit 598 DM in der Preisliste von 1956.

### Bismarck 205 VB S

Die 205 erscheint 1956 und weist, wie die 198, eine Teleskopgabel auf. Auf Wunsch ist sie mit einer Teleskop-Hinterradfederung zu haben. Als Farbe wird nur graugrün angeboten, die blanken Teile sind verchromt und der Stahlrohrrahmen entspricht dem der 162. Der Kippständer ist fest am Rahmen angebaut. Beide Schutzbleche sind im Auslauf leicht geschwungen und verfügen über eine Seitenverkleidung. Neu ist die beidseitige Motorverkleidung. Zur Serienausstattung gehören Weißwandreifen, Chromstahlfelgen, Bremsvollnaben und ein Scheinwerfer mit Tachometer; das alles ist für 598 DM und später für 630 DM zu haben. Als Antrieb fungiert der Einzylinder-Zweitakter Sachs 50 mit 1,25 PS.

**Bismarck 162 MS II und Bismarck 198 mit 48 ccm Sachs-Motor mit 1,7 PS**

## Brennabor

Die für den Automobilbau bekannten Brennabor-Werke in Brandenburg stellen bereits 1901 Motorräder her. Nach dem Zweiten Weltkrieg wird eine erneute Produktion unter der Bezeichnung Brennabor in Hamburg aufgenommen und 1952 die Fertigung nach Schötmar (Bad Salzuflen) verlegt. Dort werden Mopeds mit Einrohrrahmen und Ilo- oder Zündapp-Motoren angeboten. Hauptsächlich aber befasst sich Brennabor in Schötmar mit Herstellung und Vertrieb von Landfahrzeugen, Kinderwagen und Autozubehör. 1962 übernimmt die Fahrradfabrik Sudbrack, die ebenfalls in Schötmar ansässig ist, die Firma Brennabor.

## Brüsselbach

Zwischen 490 DM und 625 DM kosten die Brüsselbach-Mopeds, die 1956 angeboten werden. Vier Versionen stehen zur Wahl: Standard, Touren, Luxus und Sport. Alle werden mit zweigängigen Ilo- oder Sachs-Motoren ausgestattet. Die beiden zuerst genannten Mopeds verfügen über einen Einrohrrahmen und Schwinghebelgabel vorn. Teleskopfederung hinten gibt es auf Wunsch, ebenso ein Dreiganggetriebe. Die Luxus ist mit Pressstahlrahmen und hinterer Schwingarmfederung versehen und ebenfalls mit drei Gängen erhältlich. Die Sport schließlich ist mit einem Doppelrohrrahmen, Sitzbank und großem 8,5-Liter-Tank gebaut.

## Bücker

Als Franz Bücker 1955 seine Motorradproduktion und 1957 auch die Mopedherstellung aufgibt, kann er auf eine 35jährige Firmengeschichte zurückblicken. Vor und nach dem Zweiten Weltkrieg werden in Oberursel Motorräder gebaut, die einen hervorragenden Ruf genießen. Die Mopedherstellung beginnt bei Bücker 1954 mit einem schlichten 30

**Das erste Bücker Moped mit Sachs-Motor**

**Bücker Ilo, 49 ccm, 1,7 PS, 33 kg, 625 DM**

**Bücker Sachs, 47 ccm, 1,25 PS, 590 DM**

**Die Bücker Feldberg von1956 mit 47 ccm Sachs-Motor mit 1,25 PS. Preis: 660 DM**

kg-Moped, das über einen stabilen Einrohrrahmen und eine Vorderradschwinggabel verfügt.

Noch im selben Jahr erscheinen zwei ausgereiftere Mopeds, die den Tank nicht mehr unter dem Sattel, sondern einen vergrößerten Tank hinter dem Lenkkopf haben. Sie werden als Bücker-Ilo und Bücker-Sachs bis 1957 angeboten. Die 56er-Modelle sind mit Hinterradfederung zu bekommen. Der Einrohrrahmen ist aus nahtlosem Stahlrohr, der Steuerkopf gemufft und hartgelötet. Die Lackierung gibt es in schwarz oder beigegrün mit Zierlinien und auf Wunsch eine Motorverkleidung.

Nicht nur der höchste Gipfel des Schwarzwaldes, auch die höchste Erhebung des Taunus heißt Feldberg. Und nach diesem ist das Bücker-Sportmoped benannt, das kurz vor Produktionsschluss erscheint. Das Zweigangmoped wird hinten mit einer Triebsatzschwinge mit Federbeinen ausgestattet. Der Rohrrahmen ist verkleidet, und die Kette läuft in einem geschlossenen Kettenkasten.

## Ceres

Mit einem patentrechtlich geschützten Leichtmetallgussrahmen ist das Moped des Ceres-Motorenwerkes Winter in Nürnberg ausgestattet. Für 640 DM werden außerdem eine Triebsatzschwinge, Teleskopgabel und der Ilo-Piano-Motor mit zwei Gängen geboten. Die genaue Bezeichnung des Ceres-Mopeds, das 1956 angeboten wird: CMN IV/TS.

**Ceres CMN IV/TS**

## Cito

Die für Fahrräder bekannten Cito-Werke in Köln-Lindenthal präsentieren 1955 ein Zweigangmoped, das wahlweise mit 47 ccm Sachsmotor oder mit 49 ccm Ilomotor lieferbar ist. Cito baut die „Tiger-Schwinggabel" mit 50 mm Fe-

**Cito-Sportmoped DM 56 S**

Archiv Bernd Regenberg

**Cito Prospekt von 1955**

derweg ein, die aus eigener Fertigung stammt. Für eine gute Sitzhaltung sorgt der dreifach wirkende Schwingsattel mit Patentversteller. Die Füllung des fünf Liter fassenden Tanks reicht für 350 bis 400 km. Die 33 kg leichte Cito ist mit schwarzer oder blauer Lackierung im Angebot.

1957 folgt das Sportmoped DM 56 S mit einem vollverkleideten Dreieckrohrrahmen, Triebsatzschwinge und Federbeinen hinten. Vorne ist die eigene Schwinggabel mit Triebsatzschwinge eingebaut. Der Tank fasst 8,5 Liter, alle Blankteile sind verchromt, und die Lackierung ist schwarzrot. Bei den Motoren kann man zwischen dem Sachs 50 K oder dem Ilo-Piano wählen, jeweils mit zwei oder drei Gängen.

## Credé Sitta

Die Bezeichnung Sitta hat ihren Ursprung in dem Ort Sittensen bei Bremen. Dort sind die Sitta-Werke beheimatet, die in der Nachkriegszeit Motorräder (Hummel) herstellen, die mit Ein- und Zweitakt-Ilo-Motoren ausgestattet sind. Auch ein Moped wird 1953 gebaut, das von Konstrukteur Ordemann entwickelt wird. Es verfügt über den Eingang-Ilo-Motor, einen Einrohrrahmen aus Stahlblech und eine Teleskop-Vordergabel. Angeboten wird das 35 kg wiegende Moped für 550 DM. Als die Sitta-Werke schließen, wechselt Ordemann mit seiner Mopedkonstruktion zu der Kasseler Waggonfabrik Credé. Hier gelingt es Ordemann, ein sehr erfolgreiches Moped-Trio unter der Bezeichnung Sitta-Credette auf dem deutschen Markt zu etablieren. Die Zeitschrift „Das Moped" meldet sogar, dass die Sitta-Credette im Herbst 1954 in der bundesdeutschen Mopedproduktion auf Platz drei liegt.

Die Sitta-Credette I, das einfachste Modell, wird von dem eingängigen Ilo-

**Eingangmoped Credé Sitta Credette 1**

Archiv Bernd Regenberg

Motor getrieben. In dem gleichen Fahrgestell kann auch der zweigängige Ilo-Motor Verwendung finden: Das ist dann die Credette II. Der größeren Leistungsfähigkeit entsprechend ist sie an einigen Teilen etwas reicher ausgestattet, z.B. an den Schutzblechen und Bremsen. Der Tank beider Mopeds ist abnehmbar. Er ruht in Gummi und kann durch Lösen einer Rändelschraube schnell entfernt werden.

Die Credette III hat ebenfalls den Ilo-Motor G 50, jedoch einen Pressstahlrahmen, der als Tank dient. Er umkleidet außerdem weitgehend den Motor und geht glattflächig in das hintere Schutzblech und in den Sattelträger über. Zur Serienausstattung gehören der Scheinwerfer mit Blendschirm und der Einbautachometer. Der Schwingsattel ist nach Fahrergewicht einstellbar. Wegen der von einer besonderen Eigenart und Eleganz geprägten Formgebung kommt die Credette III gut an. Gleichwohl stellt Credé bereits 1955 die Produktion von Mopeds wieder ein.

# Delius

Mit einem 48,8-ccm-Mota-Motor ist das Delius-Moped ausgerüstet, das 1953 von der Firma Delius-Fahrzeugbau Fritsche in Knetterheide/Lippe offeriert wird. Das schlichte Gefährt für 498 DM verfügt über einen Einrohrtankrahmen und kann auch mit dem Zündapp-Combimot bestellt werden.

# DKW

Die Entstehung der DKW-Werke geht auf das Jahr 1907 zurück: Der Däne Rasmussen gründet in Zschopau einen Betrieb für Armaturen. Das erste Motorrad bei DKW ist ein Spielzeug-Zweitakter mit 30-ccm-Motor, der 1919 auf der Leipziger Messe ausgestellt wird. 1920 wird ein Fahrradhilfsmotor entwickelt, der liegend auf das Hinterrad eines Fahrrads gebaut werden kann und der im Volksmund „Arschwärmer“ genannt wird. Die Entwicklung macht Fortschritte. 1925 sind bereits 50 000 DKW-Motorräder verkauft und 1927 ist DKW bereits die größte Motorradfabrik der Welt. Anfang der dreißiger Jahre schließen sich wegen der Weltwirtschaftskrise vier sächsische Firmen zur Auto-Union zusammen: DKW, Wanderer, Horch und Audi. 1939 beginnt der Serienanlauf der legendären RT 125. Nach Kriegsende ist die Auto-Union zerschlagen, noch erhaltene Anlagen werden demontiert. In Zschopau gründet sich der VEB IFA, woraus später das Motorradwerk Zschopau „MZ“ wird.

In der Bundesrepublik schließen sich ehemalige DKW-Mitarbeiter zusammen und gründen 1949 in Ingolstadt ein neues Werk. Die RT 125 wird wieder gebaut und 1950 sind bereits 10 000 neue DKW-Motorräder im Handel. Mitte der fünfziger Jahre, viele Motorradhersteller haben wegen der Absatzkrise längst aufgegeben, entwickelt sich die DKW RT 125 zum meistgekauften deutschen Motorrad. 1958 wird die Motorradfertigung an die Zweiradunion Nürnberg abgegeben und eine gemeinsame Entwicklung mit Victoria und Express beginnt. 1966 erfolgt der Zusammenschluss innerhalb der Sachs-Gruppe mit den Nürnberger Hercules-Werken.

## DKW Hummel

Die Moped-Produktion beginnt bei DKW erst relativ spät: 1956. Aber dafür können die Ingolstädter auch gleich ein kompaktes, ausgereiftes Moped präsentieren. Die Hummel ist das erste deutsche Dreigangmoped. Der glatte Fahrzeugkörper wirkt wie aus einem Guss. Der stabile Stahl-Presstankrahmen, die Vorderfederung mittels Schwinghebeln und wartungsfreier Gummibandfederung, die Hinterradfederung durch Schwinge und Federbeine und der Kraftstofftank mit 5,5 Litern Fassungsvermögen: Ein Moped für Anspruchsvolle. Der fahrtwindgekühlte DKW-Einzylinder-Zweitaktmotor verfügt über eine Schnürle-Umkehrspülung, die sich immer wieder als überlegen erweist. Der bewährte DKW-Zweitakter gilt als robust und wirtschaftlich. Er leistet 1,35 PS und verfügt über Leistungsreserven vor allem im unteren Drehzahlbereich. Der Vergaser sitzt in der Rahmenverkleidung und ist durch eine Klappe leicht zugänglich. Ein überdimensionierter Nassluftfilter führt ihm ständig gereinigte Luft zu. In Verbindung mit der Kettenkapselung verdient der Hinterausbau Interes-

**Jugendliche basteln an einer DKW Hummel**

**Inserat im Technikmagazin „Hobby“ 1957: Die DKW Hummel ist das erste deutsche Dreigangmoped**

**Mit veränderter Vorderradgabel: DKW Hummel Luxus**

se: Nach Abnahme der Exzenterscheiben für die Kettenspannung rutscht das Rad nach vorn, und das Abheben der Kette ist problemlos. Die Ausstattung ist gut durchdacht. Ein Rahmenschloss ist ebenso im Preis enthalten wie der Gepäckträger und der kräftige Stahldraht-Mittelständer. Billig ist die Hummel nicht, aber „unbedingt ihren Preis wert“, wie ein zeitgenössischer Tester befindet.

## DKW Hummel Luxus

Ebenfalls 1956 bringt DKW eine Luxus-Variante. Sie gleicht der bewährten Hummel, bietet jedoch darüber hinaus verbesserten Schmutzschutz vorne, reichhaltigere Verchromung und hochglanzpolierte Aluminiumfelgen. Die 1,35 PS starke und 47 kg schwere Maschine erreicht 40 km/h Höchstgeschwindigkeit. Auch die Luxusausführung wird ab 1958 in der geänderten Form angeboten. Die Standardausführung in blauer Lackierung kostet 650 DM, die Luxusvariante in rot 680 DM.

## DKW Hummel Super

„Sieht dieses Modell nicht wie ein prächtig gesatteltes Reitpferd aus?“ fragt die DKW-Werbung in einem Prospekt und meint das völlig neu gestaltete Sportmoped Hummel-Super. 1958 kommt es als erstes Soziusmoped auf den Markt und weist in der Tat eine enorm schnittige Form auf. Der modern gestylte Zylinderkorb, die Farbgebung, die Auspuffführung und der geschwungene Lenker: Man bekommt wirklich Lust „aufzusteigen und loszufahren“. An der Technik hat sich gegenüber der Standardausführung nicht viel geändert. Der Motor ist der gleiche geblieben und auch die Dreigangschaltung ist übernommen worden. Der Tank fasst jetzt 5,8 Liter, die Gesamtlänge hat 40 mm zugenommen, aber dafür ist die Super etwas schmaler geraten. Die Bodenfreiheit beträgt jetzt 145 mm (Standard 106 mm). Durch die Auslegung für zwei Personen ist das Gewicht auf das Hinterrad auf 160 kg angewachsen (Standard 75 kg) und das zulässige Gesamtgewicht beträgt jetzt 215 kg. Die Innenbackenbremsen vorn und hinten sind verstärkt.

Die Hummel-Super wird offiziell nicht als Sportmoped bezeichnet, weist aber überwiegend Kennzeichen einer Sportausführung auf. Zum Beispiel der Tank: er ermöglicht sicheren Knieschluss, lässt aber natürlich keinen freien Durchstieg mehr zu. Die DKW-Werbung verspricht dem Erwerber der Super-Hummel ein „grundanständig gebautes Moped“, was sicher längst nicht so übertrieben ist wie manche Werbeaussage heute.

Die Super-Hummel ist das letzte Moped, das mit dem Namen DKW gebaut wird. Es folgen Anfang der sechziger Jahre noch einige Mokicks, Maschinen ohne Pedale also, die aber auch Motoren mit weniger als 50 ccm aufweisen. Die Hummel 115 und die 155 erscheinen gleich 1960. Es sind traumhaft schöne Gefährte mit besonders großer Doppelsitzbank und eigenwillig rassig gestylter Scheinwerferanlage. Die Hummel 136 ist eine rassige Sportmaschine mit 2,6 PS, Gebläsekühlung und einem Viergang-Ziehkeilgetriebe mit Fußschaltung. Der Kraftstoffbehälter fasst

DKW Hummel Super: 61 kg schweres Sportmoped mit 2 PS und 40 km/h Spitze

Unter der Flagge der Zweiradunion: DKW Hummel 136, 48 ccm Hubraum und 2,6 PS

**DKW Hummel Standard von 1958 (rechts). Bei der Zweiradunion in Nürnberg, dem Zusammenschluss von Victoria, DKW und Express, entsteht 1961 die unten abgebildete „Blechbanane", wie sie im Volksmund genannt wird. Sie wird als DKW Hummel und Victoria Kavalier jeweils in zwei Versionen angeboten: Als Typ 115 mit 2 PS und als Typ 155 mit 4,2 PS.**

10,5 Liter, der Preis beträgt 1040 DM. Baugleich erschient die Hummel 136 auch unter der Bezeichnung Vicky 136, womit die Zweiradunion die Victoria-Liebhaber ansprechen will.

Mit der Übernahme der DKW-Zweiradproduktion durch die Zweiradunion 1958 ändert die Hummel ihr Gesicht. Die Vorderrad-Schutzbleche haben eine Schürze bekommen und der Scheinwerfer ist in die Gesamtkarosserie eingefügt. Die Linierungen sind schwungvoller gezeichnet und die Normalversion der Hummel hat die Zusatzbezeichnung "Standard" erhalten.

## Dreistern

Das erste Moped der Bielefelder Fahrradfabrik Hans Schulte ist mit Sachs-Motor, Doppelrohrrahmen, Vorderradfedergabel und Innenbackenbremsen vorn und hinten ausgerüstet und kommt 1954 auf den Markt. 1955 folgt ein Tankrohrrahmenmodell mit Teleskopgabel und Zweiganggetriebe. Das läuft unter der Bezeichnung Dreistern-Kuli. Noch im selben Jahr wird aus optischen Gründen ein „richtiger" Mopedtank (Satteltank) auf den Rohrrahmen montiert und der Preis auf 585 DM festgelegt.

Sammlung Udo Hönicke, Frankfurt

**Das Dreistern Kuli mit Rahmentank, 47 ccm Hubraum und 1,25 PS ist mit Motoren von Sachs, Ilo und Zündapp lieferbar**

Sammlung Udo Hönicke, Frankfurt

# Drewer

Die Fahrzeugbaufirma Drewer in Bielefeld-Heepen bringt 1954 zwei Eingangmopeds mit Zündappmotoren und je eine Zweigangmaschine mit Motoren von Ilo und Sachs auf den Markt.

Beide Eingangmopeds werden von dem 1,3 PS Zündappmotor KM 48 angetrieben und sind mit Teleskopgabeln ausgestattet. Sie unterscheiden sich durch ihre Tanks und die Reifengröße. Das Moped mit 26 Zoll Reifen verfügt über einen Tankrahmen mit etwa drei Liter Inhalt und steht mit 548 DM in der Preisliste. Die Maschine mit 23 Zoll Reifen hat dagegen einen konventionellen 3,3 Liter Tank und kostet 532 DM.

Das 1,25 PS Sachsmoped mit Zweiganggetriebe, 47 ccm Hubraum und Tankrahmen hat einen Preis von 578 DM. Die Variante mit 1,5 PS Ilo Motor FP 50 kostet dagegen nur 548 DM. Alle Drewer Mopeds werden in resedasilber oder schwarz angeboten. Als Zusatzausstattung sind auch ein Schaumgummisattel oder Schwingsattel lieferbar sowie Gepäckträger, Werkzeugtrommel, Kippständer, Glocke und Pumpe.

**Drewer Moped mit Zündapp Motor KM 48, 1,3 PS. Stahlrohrrahmen mit Teleskopgabel**

**Drewer Moped mit Ilo Motor FP 50, 1,5 PS**

**Drewer Moped mit 47 ccm Sachs-Motor**

Alle Abbildungen dieser Seite: Archiv Bernd Regenberg

# Dürkopp

Nikolaus Dürkopp, der 1842 in Herford geboren wird, beginnt als Achtzehnjähriger mit der Entwicklung einer Nähmaschine. 1867 gründet er eine eigene Nähmaschinenfabrik, die 1885 die Produktion von Fahrrädern, zunächst noch Hochfahrrädern, aufnimmt. 1894 baut Dürkopp bereits Automobile und fünf Jahre später kommen die ersten Dürkopp-Motorräder auf den Markt. In der ersten Hälfte des zwanzigsten Jahrhunderts bleibt es bei der wechselvollen Produktionspolitik. 1912 wird die Motorradproduktion vorerst wieder zugunsten des Automobilbaus eingestellt. Die Nachfolger des Firmengründers, der 1918 stirbt, stellen 1927 die Pkw-Produktion und 1929 die Lkw-Produktion ein. Motorräder werden erst 1935 wieder gebaut: Das Motorfahrrad M 10 ist mit einem 98-ccm-Sachs-Motor ausgerüstet und wird als M 11 auch als elegante Damenversion mit Durchstiegsrahmen angeboten. Nach dem Zweiten Weltkrieg wird die Produktion von Nähmaschinen, Fahrrädern, Förderanlagen und Walzlagern wieder aufgenommen. Die Motorrad-Fabrikation beginnt 1949 mit Einbaumotoren von Sachs. 1951 gelingt den Bielefeldern mit ihrem Motorrad MD 150 ein großer Wurf. Der eigene, kurzhubige 150-ccm-Zweitaktmotor erreicht 7,5 PS und setzt neue Leistungsmaßstäbe. Auch der 1953 auf den Markt kommende Dürkopp-Motorroller Diana wird ein Verkaufserfolg.

Die Mopedgeschichte beginnt bei Dürkopp 1954: Die Fratz betritt die bundesdeutsche Mopedszene.

## Dürkopp Fratz I

Das erste Dürkopp-Moped ist mit einem Zweigang-Sachs-Motor ausgestattet und basiert auf einer Fahrradkonstruktion. Der Motor liegt unterhalb der Rahmenspitze, der Tank unter dem Sattel zwischen Rahmen und Hinterrad. So kann die Fratz I einen enorm breiten Einstieg anbieten. Ein großer Verkaufserfolg wird das erste Dürkopp-Moped nicht.

**Das erste Dürkopp Moped, die Fratz I von 1954 mit Zweigang Sachs-Motor, sieht noch sehr wie ein Fahrrad aus. Nur rund 2 000 mal wird es gebaut**

**Mit dieser schnittigen Form der Fratz II, die einheitlich in der Lackierung „hammerschlagblau" geliefert wird, gelingt Dürkopp der Durchbruch im stark umworbenen Mopedmarkt Mitte der fünfziger Jahre. Von 1954 bis 1960 werden bei Dürkopp 26 437 Mopeds gebaut**

**Das Dürkopp Zweigangmoped „Fratz" mit 1,25 PS Sachs-Motor. Die Fratz II kostet 595 DM, die Fratz III 625 DM. Im Mopedboomjahr 1955 setzt Dürkopp 7 400 Mopeds ab**

## Dürkopp Fratz II und III

Der Durchbruch gelingt mit der neuen, schwungvollen Form, die 1955 vorgestellt wird. Die neue Fratz verfügt über eine üppige Karosserie. Der Stahlpressrahmen ist elegant geschwungen, der Kraftstoffbehälter integriert. Die Schutzbleche sind weit heruntergezogen und Kleiderschutz ist durch die Seitenverkleidung und den Kettenkasten gewährleistet. Der Scheinwerfer mit eingebautem Tacho ist organisch eingefügt. Die Fratz III ist vorn mit Schwinge und Gummifederung und hinten mit einer stabilen Hinterradschwinge mit hydraulisch gedämpften Federbeinen ausgestattet. Für den Antrieb der beiden Zweigangmopeds sorgt der 1,25 PS starke Sachs-Motor, der 1,5 Liter verbraucht. Die Fratz ist 1759 mm lang, 600 mm breit und 980 mm hoch. Der Radstand beträgt 1125 mm, die Bodenfreiheit 160 mm und das Gewicht beläuft sich auf 36 kg.

Dreigangmoped Dürkopp Fratz IV

Sammlung Udo Hönicke, Frankfurt

Für zwei Personen: Dürkopp Dianette

Der von der Fratz IV her bekannte Dürkopp Dreigangmotor MD 50 treibt auch die sportlich ambitionierte Dianette an: Einzylinder Zweitaktmotor mit 48 ccm Hubraum und 1,7 PS

## Dürkopp Fratz IV

1956 kommt der eigene, neu entwickelte Dreigangmotor MD 50 zum Einbau, ein Einzylinder-Zweitakter mit Fahrtwindkühlung. Das Dreiganggetriebe ist zunächst umstritten. Viele sind der Meinung, drei Gänge seien für ein 48-ccm-Fahrzeug einfach übertrieben und es handele sich hierbei lediglich um einen Propagandaschlager der Hersteller. Aber die Vorteile des Dreigangmopeds setzen sich durch: Das Beschleunigungsvermögen ist erheblich verbessert. Bei Höchstgeschwindigkeit läuft der Motor im dritten Gang ruhiger und das für Mopedfahrer immer problemreiche Bergfahren wird leichter. 1956 auf der IFMA in Frankfurt sind fast alle namhaften Mopedhersteller mit Dreigangmopeds vertreten.

Der erste Gang der Fratz IV reicht bis etwa 15 km/h. Mit dem zweiten Gang kann man bis auf 35 km/h hinauf. Der dritte Gang lässt sich von 20 km/h bist zur zulässigen Höchstgeschwindigkeit von 40 km/h beschleunigen.

Das neue, zweifarbige Moped, das gegen Aufpreis auch mit Weißwandreifen ausgestattet wird, sorgt 1956 bei Dürkopp mit 5 197 Exemplaren noch einmal für relativ hohe Verkaufszahlen.

## Dürkopp Dianette

1960 ist auch bei Dürkopp die Zeit reif für ein flottes Moped für zwei Personen. Die Dianette ist natürlich mit dem Dürkopp-Dreigangmotor ausgestattet, der bei der Dianette zunächst mit Tretkurbel, später auch mit Kickstarter angeboten wird. Das formschöne Modell wird vorwiegend in korallrot/grau bestellt, man kann aber auch dianablau/grau, carbonschwarz/grau oder smaragdgrün/grau ordern. Der Tankeinfüllstutzen liegt unter Verschluss, in dem reichlich bemessenen Werkzeugraum lässt sich ein Regenumhang verstauen. Ein kräftiger Kofferträger, Luftpumpe, Soziusfußrasten und Kippständer sind im Preis enthalten. Bei dem Stahlpressrahmen ist der Tank aufgesetzt, die Schutzbleche sind jetzt geschwungen und die Kette läuft in einem geschlossenen Kasten.

Das Nachspannen wird durch einen Exzenter vorgenommen. Das Vorderrad hängt in einer Schwinge mit Gummifederung, das Hinterrad wird mit doppelt hydraulisch gedämpften Federbeinen abgefedert. Die Dianette ist das letzte Dürkopp-Moped und sorgt 1960 für einen Mopedabsatz von 4.598 Exemplaren.

Über die Muttergesellschaft „Barthel-Konzern“ fusionieren die Dürkopp-Werke Mitte der fünfziger Jahre mit der bekannten Motorradfabrik Ardie. In Bielefeld wird die Zweiradproduktion 1961 eingestellt. Man widmet sich seitdem der Herstellung von Nähautomaten und Förderanlagen.

## Ems

Mit Ilo-, Zündapp- oder Sachs-Motor sind die Mopeds der Ems-Fahrradwerke lieferbar, die 1954 auf dem Markt sind. Variationen gibt es reichlich bei Ems. So kann man zwischen 26er und 23er Bereifung wählen, und neben der Ideal-Federgabel ist auch eine Teleskopfedergabel mit angebautem Lampenhalter zu bekommen. Außer den lackierten Felgen sind verchromte im Programm oder auch Leichtmetallfelgen. Gemeinsam haben alle Modelle die Einrohrkonstruktion und die tiefe Schwerpunktlage des Motors.

**Das Ems Moped ist wahlweise mit Ilo-, Sachs- oder Zündapp-Motor lieferbar**

**Ems Moped-Gepäckrad mit Sachs-Motor**

Ebenfalls 1954 wird ein Ems-Moped-Gepäckrad angeboten, das über einen verstärkten Rahmen und einen Rohrgepäckträger mit Aufstellvorrichtung verfügt, der über dem Vorderrad positioniert ist. Interessant sind das serienmäßige Reklameschild zwischen Ober- und Unterrohr und die Anbringung des Scheinwerfers: Bei hochgeklapptem Gepäckträger tritt er an die übliche Position.

## Express

Die älteste Fahrradfabrik des Kontinents (Werbetext) ist in der Kleinstadt Neumarkt/Oberpfalz in der Nähe von Nürnberg ansässig. Motorräder werden bei Express schon ab 1903 gebaut: Ein- und Zweizylindermaschinen mit Motoren von Fafnir. Fahrräder mit Hilfsmotoren von Sachs gibt es Mitte der dreißiger Jahre. Nach dem Krieg werden die stark zerstörten Express-Werke von ehemaligen Mitarbeitern wieder errichtet. 1949 beginnt die Produktion der berühmten Radex, die in vielen Varianten bis 250 ccm gebaut wird.

Das Moped Radexi kommt 1953. In einer gut abgestimmten Typenpalette wird es in Neumarkt bis 1958 gebaut, jenem Jahr also, in dem die traditionsreiche Firma mit dem springenden Windhund als Markenzeichen ihre Selbständigkeit verliert: Express wird mit DKW und Victoria zur Zweirad-Union vereinigt, einer Gruppe des Flick-Konzerns.

### Express Radexi I

Die Radexi ist eines der ersten Mopeds mit Tankrahmen und Express eine der ersten Fabriken, die Motoren selbst herstellen. Der gepresste Tankrahmen verfügt über einen Rohrhinterbau, patent ausfallenden und kräftigen Seitenständer. Bei der Federgabel sind im Gabelkopf Torsionsstäbe eingebaut. Mit nachstellbaren Innenbackenbremsen sind die Volltrommelbremsnaben (vorn und hinten) versehen.

Bei dem Motor handelt es sich um einen luftgekühlten Einzylinder-Zweitakt-Blockmotor. Zylinderkopf und die Kolben

**Express Radexi mit Express 50 Motor**

sind aus Leichtmetall. Die kräftig gelagerte Kurbelwelle läuft in zwei groß dimensionierten Ringschulterlagern. Die Schmierung des Kolbens und Kurbeltriebes geschieht durch dem Kraftstoff beigemischtes Öl. Der Kolbenschiebervergaser ist mit Nassluftfilter, Tupfer und Startautomatik ausgestattet. Die Zweischeiben-Gusslamellenkupplung mit sechs Druckfedern läuft links auf der Kurbelwelle. Die Kraftübertragung erfolgt durch eine im Öl laufende endlose Hülsenkette.

Wahlweise ist ein Eingang- oder Zweigang-Wechselgetriebe mit eingebautem Tretkurbeltrieb, Freilauf und Rücktrittvorrichtung erhältlich. Schaltung geschieht durch auf Keilprofil laufender Schaltklaue. Auf das Hinterrad erfolgt die Kraftübertragung durch eine verstärkte, nachstellbare Rollenkette.

Die Radexi ist mit breiten Schutzblechen, wirkungsvollem Kettenschutz, Kleidernetz, verchromtem Auspuff, verstellbarem Lenker, Werkzeugkästen links und rechts am Gepäckträger und verstellbarem Schwingsattel ausgestattet. Wahlweise sind lackierte Stahl- oder polierte Leichtmetallfelgen zu bekommen. Der Einbau eines Tachometers ist vorgesehen. Lackierung: expressgrün, fischsilber oder schwarz.

## Express Radexi II

Als erster deutscher Hersteller bringt Express 1955 ein Moped mit Geradwegfederung des Hinterrades auf den Markt, die Radexi II. Der Doppelrohrrahmen ist aus Ovalrohren geschweißt. Bei der Vorderradschwinggabel hängt das Vorderrad in einer gezogenen Schwinge. Die Schutzbleche verfügen über tiefere Seitenverkleidungen, die ein Kleidernetz erübrigen. Die Reifen sind kleiner geworden (23 Zoll). Der Express-Motor M 53 ist nur noch mit Zweiganggetriebe zu bekommen. Bei den Lackierungsmöglichkeiten ist fischsilber durch blau ersetzt.

**Express Radexi II mit 49 ccm Hubraum, 1,2 PS und 38 kg Eigengewicht**

**Die Express Radexi III Luxus steht mit 575 DM in der Preisliste. Sie hat ebenfalls 49 ccm, 1,2 PS und 38 kg Eigengewicht**

**Die Radexi III Sport bringt 43 kg auf die Waage und kostet 612 DM**

**Radexi III-58 Standard mit 49 ccm Hubraum, 1,25 PS und 35 kg Eigengewicht**

**Inserat im Moped-Handbuch von 1955**

**Die Express Radexi III-58 Luxus erscheint mit Sitzbank. Der Preis: 725 DM**

## Express Radexi III

Das rassige Vollschwingenmoped kommt 1956 und ist in drei Ausführungen zu erhalten: Standard, Luxus und Sport. Die neuartige Pressstahlgabel vereint die Vorteile von Schwing- und Teleskop-Federung. Die Radstöße gehen direkt in die Teleskop-Federstreben, die in den Gabelscheiden liegen und miteinander verbunden sind. Am unteren Ende sind die Teleskop-Federstreben über Schwingarme mit den Gabelscheiden verbunden. Der schon bei der Radexi II verwendete Doppelovalrohrrahmen ist weiterentwickelt. Der Rahmenauslauf am Hinterbau nimmt die Hinterradschwinge und die Teleskop-Federung auf.

Die Radexi Standard ist mit Schwingsattel, Vollnaben und Gepäckträger ausgestattet. Als Farben stehen schwarz, grün und blau zur Wahl. Den Tachometer im Schalenlenker gibt es gegen Aufpreis. Die Radexi Luxus ist zweifarbig (grün-beige, blau-beige oder schwarz-beige) und verfügt über eine Sitzbank, Sitzrohrverkleidung und einen Kofferträger. Der Tachometer wird auf Wunsch lackiert geliefert. Die Sport ist blau-rot lackiert und fällt durch den voluminösen Tank aus der Reihe. Auch hier gibt es die Sitzrohrverkleidung und die Sitzbank mit Kofferträger inklusive und den Tacho gegen Aufpreis.

## Express Radexi III-58

Anfang 1958 sind die Radexis auch mit Dreiganggetriebe (Express M 54) lieferbar, wobei auch weiterhin die Zweigangversion (Express M 53) zur Wahl steht. Jetzt werden vier Ausführungen angeboten: Standard, Luxus, Sport und neu die Super. Bei den ersten drei Versionen ist der Tank verchromt und wie schon bei der Radexi III ist der Grundaufbau bei diesen Typen gleich. Die Standard wird in schwarz geliefert, mit Sitzrohrverkleidung und eingebautem Tachometer. Die Luxus gibt es in grün, schwarz oder blau, Weißwandreifen sind serienmäßig, ebenso die Sitzbank, die Motorverkleidung, der Kofferträger und der 15-Watt-Scheinwerfer. Die Sport verfügt über die gleichen Vorzüge, ist aber wieder zweifarbig lackiert und außer in blau-rot nun auch in schwarz-rot erhältlich. Die Super nennt sich Roller-Moped und ist mit üppiger Verkleidung bedeckt. Der Tank ist unter der Sitzbank versteckt. Breite Beinbleche schützen Fahrer oder Fahrerin. Die schwungvolle Lackierung ist blau-beige mit roter Linierung und passend zum roten Sitzkissen.

**Das „Volksmoped" der Zweirad-Union mit Platz für zwei Personen: Express TS mit 49 ccm Hubraum, 2 PS und 40 km/h Spitze. Baugleich mit Vicky Standard und Hummel Standard**

Nach der Übernahme von Express durch die Zweirad-Union in Nürnberg werden mit der Markenbezeichnug Express weiterhin vier Mopedvarianten angeboten. Die Standard, eine preiswerte Ausführung mit Schwingsattel, die TS, zweisitzig mit Sitzbank, die Super MP, zweisitzig und mit neuer Teleskop-Federgabel, und die Carino MP, eine rassige Sportmaschine. Die beiden zuletzt genannten Typen sind auch als Mokick und Kleinkraftrad zu haben.

**Express Doppelovalrohrrahmen**

**Express Radexi III-58 Rollermoped**

**Zweirad-Union Express Super MP**

# Falter

Die von Max Tallardt 1927 in Bielefeld gegründete Falter-Fahrradfabrik bietet von 1953 bis 1959 ein vielfältiges Mopedprogramm. Eingebaut werden Motoren von Ilo, Sachs und Zündapp. Es beginnt mit der Star, einem einfachen Moped mit doppeltem Stahlrohrrahmen. Die Completta mit Sachs-Motor folgt 1954. Das Fahrgestell ist mit einer Schutzverkleidung ausgestattet, die an den Innenseiten Befestigungshaken für kleinere Gepäckstücke aufweist. Varianten zur Completta erscheinen 1955 mit Ein- und Zweiganggetrieben von Ilo und Zündapp. Ebenfalls 1955 kommt ein Zweigang-Transportmoped, das mit Zündapp-Motor, später auch mit Sachs-Motor zu haben ist.

Umfangreichere Verkleidung kennzeichnen die Falter-Mopeds von 1956. Die 301 hat noch den Einrohrrahmen aber hinten schon die Teleskopfederung. Die 401, mit sportlicher Doppelsitzbank, weist einen Blechpressrahmen auf. 1957 erscheinen zwei Mopeds, die hinten per Schwinge mit Federbeinen abgefedert werden: Die 305 wird mit Einrohrrahmen geliefert, der weitgehend verkleidet ist. Die sportliche Variante 405 hebt sich durch die Doppelsitzbank und eine Rahmenverkleidung ab, die einen freien Durchstieg nicht ermöglicht. Eine richtige Sportmaschine wird von Falter 1958 präsentiert, die 305 Sport, der kurze Zeit später die 400 Luxus-Sport folgt, die den Falter-Mopedreigen beendet.

**Falter Completta von 1955 mit 1,25 PS starkem 47 ccm Motor von Sachs, Spitze 40 km/h**

**Falter Zweigang Transportmoped**

**Das Zweigangmoped Falter 301 wird von dem 47 ccm Sachs-Motor mit 1,25 PS angetrieben. Es ist mit einem geschweißten Einrohrrahmen, Teleskopgabel und Geradwegfederung hinten ausgerüstet und wird zum Preis von 639,50 DM angeboten. Das Gewicht beträgt 37 kg, der Tank fasst 5,5 Liter**

**Die Falter 401 mit Doppelsitzbank wird für 679,50 DM angeboten**

# MOPED »FALTER STAR« TYPE 10

## WARUM

**motorisierte Fahrräder?**

Zeitersparnis ohne Kraftaufwand ist die Forderung der Zeit.

Unabhängigkeit von allen Transportmitteln schafft echte Freizeit.

Nicht schwere Maschinen allein erfüllen diesen Zweck, das motorisierte Fahrrad mit seiner leichten Abstellmöglichkeit bringt Freude und Genuß.

## WESHALB

**ist die Anschaffung ratsam?**

Kein Führerschein · Keine Zulassung · Keine Steuer · Geringe Betriebskosten · Einfachste Bedienung · Leichtes Gewicht (ca. 30 kg) · Leichte Unterbringung · Stete Betriebsbereitschaft

**Preis DM 525,– ab Werk, unverpackt**

## WIESO

**bringt »Falter Star« technische Vorteile?**

1) Motor:
Zweitakt-Einzylinder Motor „Jlo" · Hubvolumen 49 ccm · Leistung 1,5 PS · Schwungradzünder mit Lichtanlage 6 Volt, 16,5 Watt · Luftfilter mit Vergaser für Ferntupfbetätigung Untersetzung: Abtriebskettenrad zum Hinterrad = 1 : 5 · Stahl-Lamellenkupplung · Kraftübertragung durch Rollenkette $1/2 \times 3/16$" · Benzintank im Rahmen, Inhalt 3 Liter · Kraftstoffverbrauch ca. 1,2 ltr. auf 100 km · Höchstgeschwindigkeit: ca. 35 km/std.

2) Fahrgestell
Verwindungsfreier Doppelrohr-Rahmen · Spezial-Vorderradgabel · Hinterbau mit kräftigen Stahlausfallenden · Ges. gesch. Motor-Aufhängung · Motor in Gummilagerung mit eingebautem Antrieb · Scheinwerfer mit Biluxbirne, Einbaumöglichkeit für Tachometer Schwingsattel mit Gummi-Einlage · Trommelbremsnabe im Vorderrad · „Durex"-Freilauf-Bremsnabe im Hinterrad · Gepäckträger in Schwedenform · Luftpumpe mit Einsteckschlauch Werkzeugtasche mit Inhalt · Elektrisches Rücklicht · Speichen 2,65 mm · Bereifung 26 x 2.00" · Schutzbleche 70 mm breit · Ausreichender doppelter Kettenschutz · Verchromte Blankteile · Emaillierung 3-fach in buntem Fischsilberlack.

Konstruktions-Änderungen vorbehalten

# Fichtel & Sachs

Zusammen sind sie schon seit 1895: Ernst Sachs und Karl Fichtel gründen die Schweinfurter Präcisions-Kugellagerwerke. Zu der Kugellagerproduktion kommen 1903 die berühmte Torpedo-Freilaufnabe und 1905 die erste Mehrgangnabe. 1911 stirbt Karl Fichtel, 1929 wird die Kugellagerproduktion an SKF verkauft, und nach dem Tod von Ernst Sachs übernimmt Willy Sachs 1932 die Leitung der Firma. 1945 sind die Produktionsanlagen zum größten Teil zerstört. Der Wiederaufbau beginnt mit immerhin 2 800 Mitarbeitern. 1963 übernimmt die F&S-Gruppe Rabeneick in Brackwede und die Nürnberger Hercules-Werke als Tochtergesellschaften. 1966 kommt die Zweirad-Union (Victoria, DKW, Expreß) hinzu. In der Folgezeit erwirbt das expansionsfreudige Unternehmen Betriebe in einigen europäischen Ländern, den USA und Kanada. In Schweinfurt werden Kfz-Teile, Motoren, Fahrradantriebe, Kleingetriebe, Schmiede- und Pressteile hergestellt und in Kitzingen Gussteile.

Bereits vor dem Zweiten Weltkrieg unternimmt F&S den Versuch, mit der Freilaufnabe Saxonette das Fahrrad zu motorisieren. Nach dem Krieg erscheint der Sachs 50, ein Mopedmotor, der mit dem eingebauten Tretkurbeltrieb von vornherein für den Einbau in Spezial-Mopedrahmen gedacht ist. Der Motor ist mit einem Graugusszylinder und abnehmbarem Leichtmetallkopf ausgerüstet. Die kräftig gelagerte Kurbelwelle mit Leichtmetallpleuel treibt über eine Rollenkette und eine Zweischeiben-Korklamellenkupplung das Zweiganggetriebe an. Die Tretkurbeln wirken über eine Rollenkette auf die Nebenwelle, so dass in der Leerlaufstellung Tretkurbelbetrieb ohne Ziehen der Kupplung über die Hinterradkette möglich ist. Eine steilgängige Schnecke bewirkt beim Zurücktreten der Tretkurbeln die Betätigung der Hinterradbremse.

**Aus der größten Zweiradmotorenfabrik der Welt: Mopedmotor Sachs 50. Der 10 kg schwere Motor hat 47 ccm Hubraum und 1,25 PS. Unten ist das Cover einer postkartengroßen 16-seitigen Broschüre abgebildet, in der F&S praktische Tipps für Mopedfahrer veröffentlicht**

Das Öl läuft aus dem Getriebegehäuse durch eine Überlaufbohrung in das Kupplungsgehäuse, wird hier von der Kette mitgenommen und in eine Fangrinne gefördert, von der es wieder in das Getriebegehäuse zurückgeleitet wird. Durch diesen ständigen Ölumlauf wird eine intensive Schmierung bei erheblich verringerten Panschverlusten erzielt. Der Bing-Vergaser mit Nassluftfilter und Starteinrichtung ist organisch in den Block eingefügt.

1957 bringt F&S auch einen Motor mit Dreiganggetriebe, den Sachs 50 G 3, heraus. In den späten fünfziger Jahren folgen stärkere Versionen mit 1,6 PS bei 4500 U/min und 2 PS bei 5800 U/min.

# FMR

Dass in Regensburg bei der FMR (Fahrzeug- und Maschinenbau GmbH, früher Messerschmitt) der berühmte dreirädrige Messerschmitt Kabinenroller und der vierrädrige Tiger gebaut wurden, ist bekannt. Weniger bekannt dürfte sein, dass FMR 1958 das Liefermoped Mokuli und 1962 das Automatic-Moped auf den Markt bringt.

Das Mokuli verfügt über einen einfachen Rohrgerüstaufbau, den gebläsegekühlten Sachs-Motor, eine direkte Lenkung und einzeln aufgehängte Vorderräder mit Schraubenfederung.

Das Automatic-Moped ist von Ingenieur Fendt mit einem kräftigen Zentralrohr ausgestattet. Anstelle des sonst üblichen Zahnradgetriebes ist als „Sekundär-Trieb" der Keilriemen getreten. Die beiden Keilriemenscheiben verändern, gesteuert von Drehzahl und Fahrwiderstand, ihren Durchmesser und ermöglichen damit eine stufenlose Übersetzung mit geringem Kraftverlust.

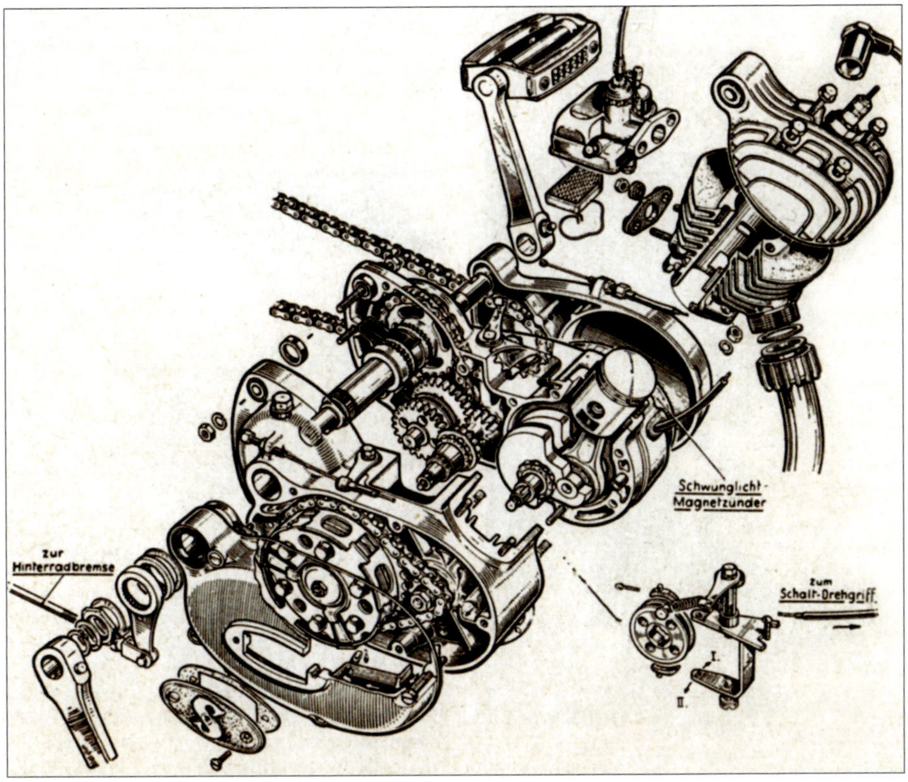


Aufbau und Teile des Mopedmotors Sachs 50 (siehe auch Foto Seite 9)

Sachs 50 ccm Motor von 1962

FMR Lastenmoped „Mokuli"

Die Zeitschrift "Zweirad" schreibt zum Erscheinen des FMR Automatic-Mopeds: „So, wie es Ing. Fendt hingebaut hat, ist das schon ein Fahrzeug, das bei einkaufenden Damen und älteren Herren Gefallen findet."

# Goebel

Die Fahrzeugfabrik Karl Goebel in Bielefeld, die überwiegend Fahrräder und Fahrradrahmen, aber auch Kinderfahrzeuge herstellt, baut Mopeds ab 1953. Die ersten heißen Pikkolo und Kobold. Die Pikkolo mit Eingang-Ilo-Motor verfügt über einen Zentralrohrrahmen. Die Kobold wird mit dem Zweigang-Sachs-Motor und Einrohrrahmen geliefert. Die Variante mit dem Zündapp-Motor nennt sich GZ 50 und ist ebenfalls schon 1953 lieferbar. 1955 heißen die Goebel-Mopeds GS II (Sachs-Motor) und GI II (Ilo-Motor) und führen ab jetzt die Zusatzbezeichnung „Avus". Das Folgemodell von 1956 läuft unter der Bezeichnung GS III, und im selben Jahr erscheint noch eine Variante mit Pressstahlrahmen in Schalenbauweise. Der Sachs-Motor ist stromlinienförmig abgedeckt. Die Teleskopvordergabel ist verchromt und die Hinterradschwinge mit Federbeinen bedarf keiner Wartung. 1958 wird der Tank vergrößert und die seitlichen Motorbleche sind leicht verändert. Die Ausführung GS III ist mit dem Zweigang-Sachs-Motor und die GS IV mit dem Dreigang-Sachs-Motor ausgestattet. Ein sportliches Moped mit Sitzbank für zwei Personen, die Avus GS V, kommt 1961. Die Hinterrad-Langhubschwinge mit Teleskopfederbeinen ist wartungsfrei gelagert. Der Tank fasst neun Liter. Drei Lackierungsmöglichkeiten stehen zur Wahl: delphinblau mit elfenbein, türkisgrün mit elfenbein und schwarz mit florentinerrot. In den sechziger Jahren folgen bei Goebel weitere sportliche Mopeds mit Pressstahlrahmen und ein Kleinkraftrad.

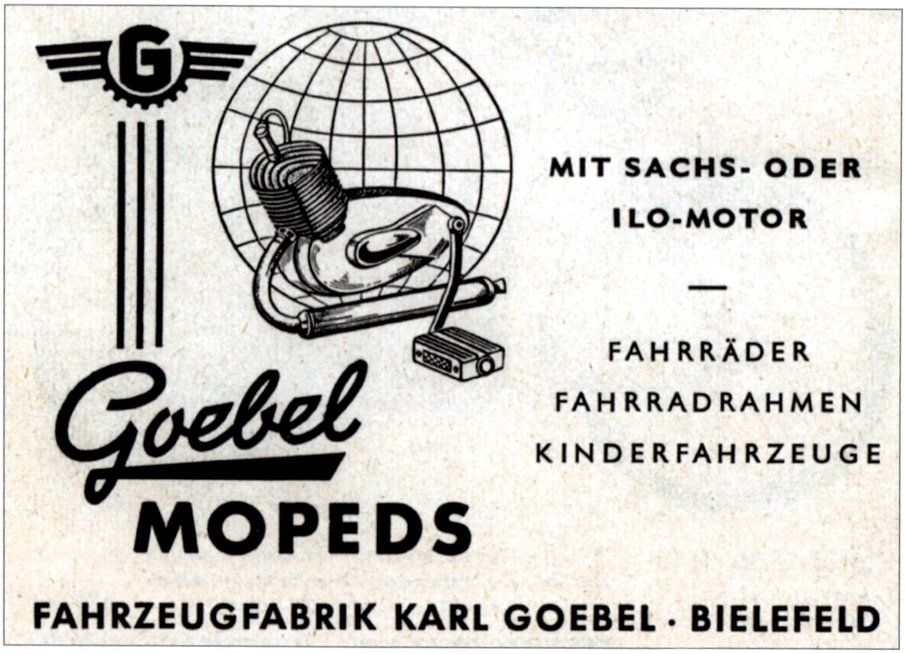


**Inserat im Moped-Handbuch von 1955**

**Die Goebel Avus GS III ist mit Zwei- oder Dreigang Sachs-Motor lieferbar**

**Goebel Avus GS II von 1955**

**Goebel Avus GS IV mit Dreigang Sachs**

**Goebel Avus GS V von 1961**

# Göricke

Als die Bielefelder Görickewerke 1951 ihre Mopedvorläuferin „Regina“ auf den Markt bringen, können sie auf eine mehr als 75jährige Firmentradition zurückblicken. 1874 gründet August Göricke eine Nähmaschinengroßhandlung. Kurze Zeit später wird daraus eine Fahrradfabrik. 1903 steigt Göricke in das vielversprechende Motorradgeschäft ein. Seinen Maschinen werden Fafnir-Motoren eingebaut. Schon vor dem Ersten Weltkrieg ist mit dem Motorradbau wieder Schluss, doch Ende der zwanziger Jahre steigt Göricke erneut in das Motorradgeschäft ein. Jetzt kommen Blackburne-, MAG- und Villiers-Motoren zum Einbau. Anfang der dreißiger Jahre ist zunächst wieder Pause im Motorradbau und bis zum Zweiten Weltkrieg werden außer Fahrrädern noch Mofas mit Sachs-Motoren hergestellt. Nach dem Zweiten Weltkrieg beginnt die Produktion der Görickewerke, die inzwischen in den Besitz von Erich Nippel übergegangen sind, wieder mit Motorrädern bis 200 ccm. Die Mopedproduktion wird Anfang der fünfziger Jahre mit einem Fahrrad mit Hilfsmotor eingeleitet: Die Regina mit ihrem 48-ccm-Ilo-Motor erscheint 1951 und wird 1954 von „richtigen“ Mopeds abgelöst. Domina und Diva rollen auf den deutschen Mopedmarkt, der gerade Hochkonjunktur verzeichnet.

## Domina

Die Domina ist die konsequente Weiterentwicklung der Regina. Sie verfügt noch über den Doppelrohrrahmen, der Motor aber liegt zwischen einem Oberrohr und zwei Unterrohren. Das leicht gebaute Fahrgestell benötigt zur Verwindungssteifheit verschiedene Verstrebungen. Der Tank ist zwischen den Rohren angebracht und fasst drei Liter, womit man etwa 250 km fahren kann. Der Gepäckträger und die Ausstellvorrichtung sind kräftig und solide gefertigt. Als Motor stehen der Zweigang-Sachs oder der Eingang-Ilo zur Auswahl.

Der 47-ccm-Sachs-Motor leistet 1,25 PS, verbraucht 1,2 Liter und ist luftgekühlt. Der 49-ccm-Ilo-Motor arbeitet mit 1,5 PS, verbraucht 1,5 Liter und ist ebenfalls luftgekühlt. Die Steigfähigkeit ohne Mittreten beträgt etwa 10 Prozent. 30 kg wiegt die Domina mit dem Ilo-Motor. Auf Wunsch kann sie mit Teleskopgabel und Tacho bestellt werden. Die Lackierung ist blau oder schwarz mit Goldlinierung. Die Domina ist auch unter der Bezeichnung „Domino“ im Handel und wird für 496 DM geliefert. 1955 wird die Produktion zu Gunsten der hübscheren „Diva“ eingestellt.

**Göricke Regina: Fahrrad mit Hilfsmotor**

**Erstes Göricke-Moped: Domina**

## Diva-Luxus

Vorgestellt wird die Diva-Luxus bereits Ende 1954. Die Serienproduktion beginnt Anfang 1955. Zunächst ist die formschöne Diva nur mit dem Eingang-Ilo-Motor mit 48 ccm Hubraum, später auch mit dem Zweigang-Sachs-Motor erhältlich. Der Ilo-Motor ist so eingebaut, dass er tief unter dem kräftigen Einrohrrahmen liegt und vom Sitzrohr getragen wird. Ein Verstärkungsdreieck am Steuerkopf, durch den aufgesetzten Tank verdeckt, und ein Verstärkungsblech zwischen Rahmen- und Sitzrohr sorgen für Torsionsfestigkeit. Durch den aufgesetzten 5-Liter-Tank und das relativ hoch liegende Rahmenrohr ist der Durchstieg gegenüber der Domina sehr beengt. Das Erscheinungsbild profitiert jedoch von dieser Formgebung, und das ist für den Absatz entscheidend: Die Diva wird ein Verkaufshit. Die Diva-Luxus wird mit blauer Emaillierung mit Linien geliefert, wobei die Tankspiegel weiß sind. Auf Wunsch sind Tacho im Scheinwerfer und Teleskopgabel lieferbar. Der Kaufpreis bei Erscheinen beträgt 548 DM. Ende 1955 wird die Diva-Luxus optisch erheblich verfeinert. Die Schutzbleche sind verbreitert, das Rahmendreieck ist verkleidet und auch für den Motor werden Verkleidungsbleche angeboten. Der Ilo-Motor verfügt jetzt über zwei Gänge, Tacho und Teleskopgabel sind serienmäßig. Als Farben werden nilgrün und schwarz angeboten.

**Göricke Diva-Luxus von 1955 mit 1,25 PS Sachs-Motor, der mit zwei oder drei Gängen geliefert werden kann. Die Weißwandreifen gehören zur Sonderausstattung**

Göricke Diva-Luxus mit Teleskopgabel (oben). Die Diva-Luxus-Schwing (unten) mit Hinterradschwinge und Vorderrad-Schwinggabel aus Pressstahl sowie völliger Verkleidung von Motor, Getriebe, Federelementen und Laufrädern

## Diva-Luxus-Schwing

1955 wird die Diva mit einer Hinterradschwinge mit Gummi-Elementen ausgerüstet. 1956 erhält sie die von Göricke entwickelte Vorderradschwinggabel aus Pressstahl und eine neue Linienführung. Der Kettenkasten ist geschlossen, der Scheinwerfer harmonisch in den Gabelkopf eingebaut. Als „Sonntagskind" der Göricke-Produktion wird die Schwing-Export propagiert, die Vollnabenbremsen mit Rillenkörper, überdimensionierte Bereifung (23 x 2,25) und einen Tachometer aufweist. Das Göricke-Schwingrahmensystem hat sich bewährt und findet große Zustimmung. Der Tankspiegel ist jetzt verchromt und auf Wunsch sind Weißwandreifen, Steckachse und Kindersitz lieferbar. Außerdem kann man zwischen dem Sachs-Zweigang- und Sachs-Dreigangmotor wählen.

Das Göricke Transportmoped ist mit einem 1,25 PS Tretkurbelmotor von Fichtel & Sachs (47 ccm) ausgestattet und ist mit zwei oder drei Gängen lieferbar. Der Normverbrauch beträgt 1,2 Liter auf 100 km, der Tankinhalt 6 Liter. Bereifung: 20 x 2,25 vorn und 23 x 2,25 hinten. Der verstellbare Schwingsattel hat eine Sitzhöhe von 750 mm. Der Radstand beläuft sich auf 1090 mm, das Gesamtgewicht auf 145 kg

## Transport

Als praktischer Packesel wird das Transportmoped angeboten. Das Modell „310“ ist stabil gebaut: Es verfügt über einen Doppelrohrrahmen mit Tempergussmuffen und verstärkter Gabel. Ein Rohrgepäckträger (55 x 38 cm) kann für kleine Transporte schnell und bequem beladen werden. Eine Federung wird weder vorn noch hinten angeboten. Damit der Fahrer aber trotzdem einigermaßen bequem ausliefern kann, stehen ihm ein Lenker mit kräftigen Armaturen und ein recht großer Schwingsattel zur Verfügung. Die Bereifung: 20 x 2,25 vorn und 23 x 2,25 hinten. Das Transportmoped ist nur mit Fichtel & Sachs-Motor lieferbar, man kann zwischen Zwei- und Dreigang wählen. Das zulässige Gesamtgewicht beträgt 145 kg. Der „verlässliche Helfer für jeden Handwerksbetrieb“ wird ausschließlich mit einer schwarzen Lackierung angeboten mit beigem Tankspiegel und orangefarbener Linierung.

1955/1956 baute Göricke auch diese „Görette“, einen kleinen Stadtroller mit 47 ccm F&S-Motor oder 49 ccm Ilo-Motor

Mit eleganter Sitzbank präsentiert sich die Göricke Diva-Sport, die 1956 mit 47 ccm Zweitakt-Sachs-Motor erscheint und knapp 700 Mark kostet

## Diva-Sport

1956 erscheint die sportliche Schwester der Schwing-Modelle. Die Diva-Sport ist ein rassiges Modell in klassisch italienischer Form und kommt besonders bei jugendlichen Käuferinnen und Käufern an. Der verwindungssteife Doppelrohrrahmen ist formschön verkleidet. Die Pressstahl-Vordergabel ist gummigefedert und die Pressstahl-Hinterradschwinge verfügt über ölhydraulisch gedämpfte Federbeine (Federweg vorn ca. 50 mm, hinten ca. 60 mm). Die Diva-Sport ist serienmäßig mit Steckachse ausgerüstet und kann mit Zwei- oder Dreigang-Sachs-Motor geliefert werden. Tachometer, Weißwandreifen und Kofferträger sind Extras. Farbe: Zweifarbig blau mit rotblauem Tank und rotem Sitzkissen.

Schmuckstück: Restaurierte Göricke Diva Sport aus der Sammlung Bernd Rosenkranz

## Diva-Supra

Nach der 33-kg-Gewichtsbegrenzung entwickeln sich die Mopeds immer mehr Richtung Motorrad. Bei Göricke wird dieser Trend mit der 1958 auf den Markt gebrachten Diva-Supra deutlich. Die Zeitschrift „Moped" schwärmt: „Man muss sagen, dass es mit diesem Modell in Bielefeld gelungen ist, ein in der Linienführung bestechendes Fahrzeug hinzustellen." Das Fahrgestell stellt einen geschlossenen Kastenträger dar, der aus zwei gleichen Pressstahlhälften zusammengeschweißt ist. Das hintere Schutzblech ist in die Rahmenhälften einbezogen. Eine doppelseitige Hinterradschwinge mit Federbeinen für 280 kg Endlast und progressiver Dämpfung sorgt zusammen mit der Vorderradschwinge und ihrer ebenfalls progressiv wirkenden Stahlfeder für gute Fahreigenschaften. Der 47 ccm Sachs-Motor leistet 1,25 PS.

Die Göricke Diva-Supra ist mit Schwingsattel oder Sitzbank im Programm. Weißwandreifen, Steckachse, Kofferträger (bei Sitzbank) und ein Dreigangmotor sind auf Wunsch lieferbar. Einzige Farbmöglichkeit: silberblau-metallic.

Ende der fünfziger Jahre stellt Göricke den Motorradbau ein, nachdem 1956 bereits der Motorroller aus dem Programm genommen worden war. Der Moped- und Fahrradbau aber läuft weiter. Zwar erreicht Göricke mit den Sechziger-Jahre-Mopeds Diva-Rekord und Regina längst nicht mehr solche Erfolge wie in den fünfziger Jahren, aber Göricke kann sich mit dem Fahrradbau bis Anfang der achtziger Jahre halten.

Neben dem Fahrrad die Göricke Diva-Supra

# Goldberg

Der Mopedbau beginnt bei den Fahrradwerken Goldberg in Köln 1954 mit einem Rohrrahmenmoped, das mit Sachs- oder Ilo-Motor geliefert wird. 1955 folgt das Goldrad 55 S mit einem Zweigang-Sachs-Motor und Pendelgabel. Das Goldrad 56 S von 1956 ist auf Wunsch mit Teleskopgabel, Hinterradfederung und Vollnaben lieferbar. Das Goldrad 57, ebenfalls mit Zweigang-Sachs-Motor, ist mit einem Pressstahlschalenrahmen und serienmäßig mit Teleskopgabel, Hinterradschwinge, Leichtmetallfelgen und Weißwandreifen ausgerüstet. Später folgt noch ein Sportmoped mit 1,6-PS-Motor, drei Gängen und 10,8-Liter-Büffeltank.

**Das erste Goldberg-Moped erscheint 1954 und nennt sich Goldberg Sachs-Moped oder Goldberg Ilo-Moped, je nach Motorvariante**

**Das Goldrad 55 S kommt 1955 mit 47 ccm Zweigang-Sachs-Motor auf den Markt, wiegt 35 kg und kostet 591 DM**

**Das Goldrad 56 S wird 1956 vorgestellt. Die Hinterradfederung ist auf Wunsch gegen Aufpreis lieferbar**

# Gritzner

In Karlsruhe-Durlach gründet Max Gritzner 1872 eine Nähmaschinenfabrik, die ab 1887 Fahrräder und ab 1906 Motorräder baut. Eine Fusion mit der schon 1864 gegründeten Nähmaschinen- und Fahrradfabrik Kaiserslautern führt 1931 zur Gritzner-Kayser AG. Nach dem Zweiten Weltkrieg werden Einzylinder-Zweitakt-Motorräder mit Sachs-Motoren gebaut. Die Mopedherstellung beginnt bei Gritzner 1953 mit eigenen 31-ccm- und 39-ccm-Motoren. Aber 1955 wird die Motorherstellung aufgegeben und Sachs-Motoren eingebaut. 1958 übernimmt Gritzner von Mars die Modelle Monza und Milano, die bis 1963 angeboten werden.

## Brummi 30, 40

Bei der Brummi 30 ist in einen gemufften und hartgelöteten Rohrrahmen mit tief durchgezogenem Oberrohr ein eigener 31-ccm-Zweitaktmotor mit Graugusszylinder und abnehmbarem Leichtzylinderkopf eingebaut. Von der auf Kugeln gelagerten Kurbelwelle wird die Leistung über ein Vorgelege mit Einscheiben-Kork-Lamellen-Kupplung mit einer Kette auf das Hinterrad übertragen. Das 29-kg-Moped mit Fahrradcharakter hat den 2,3-Liter-Tank zwischen Sattelrohr und Hinterrad eingebaut. Für höhere Ansprüche bietet Gritzner die Brummi 40, die bei einer Bohrung von 38 mm und einem Hub von 32 mm einen Zylinderinhalt von 39 ccm hat. Beim Vorderrad ist serienmäßig eine Trommelbremse eingebaut. Die Brummi 40 zeichnet sich durch höhere Geschwindigkeit und bessere Bergsteigefähigkeit aus. Beide Brummis sind eingängig.

## Brummi 50

Mit dem 47-ccm-Sachs-Motor ausgestattet ist die Brummi 50, die 1955 auf dem Markt ist. Der Einrohrrahmen mit Teleskopgabel verfügt über einen 6-Liter-Tank. Motor und Kette sind durchgehend verkleidet. Das 38 kg leichte Moped kostet 598 DM.

**Gritzner Brummi 50 V**

**Gritzner Brummi 60 VS**

## Brummi 60

Jetzt ist die Brummi gegen Aufpreis auch mit einer Teleskop-Hinterradfederung zu bekommen. Vorder- und Hinterradschutzbleche sind tief heruntergezogen und verfügen über breite Seitenblenden. Durch eine Luftklappe in der Verkleidung, die durch Lösen einer Rändelschraube abgenommen werden kann, ist der Vergaser leicht zugänglich und herausnehmbar. Die Brummi 60 wird ab 1956 angeboten.

## Brummi 70

Eine völlig neue Mopedkonstruktion schickt Gritzner 1957 ins Rennen. Der Sachs-Motor wird mit Zwei- und Dreiganggetriebe angeboten. Der Pressstahlrahmen mit tiefem Einstieg verfügt über ein Rahmenschloss. Der Schalenlenker wird mit eingebautem Tacho geliefert. Die Motorenverkleidung ist leicht abnehmbar. Der geschlossene Kettenkasten bietet ein Schauloch zwecks Kontrolle der Kettenspannung. Die Brummi 70 ist zweifarbig lackiert: pastellgrün/resedacreme mit Sitzkissen in den gleichen Farben oder schwarz /perlgrau mit grau-rotem Sitzkissen. Verchromte Stahlfelgen und Weißwandreifen gehören zur Grundausstattung, die Hinterradsteckachse ist mit Aufpreis lieferbar.

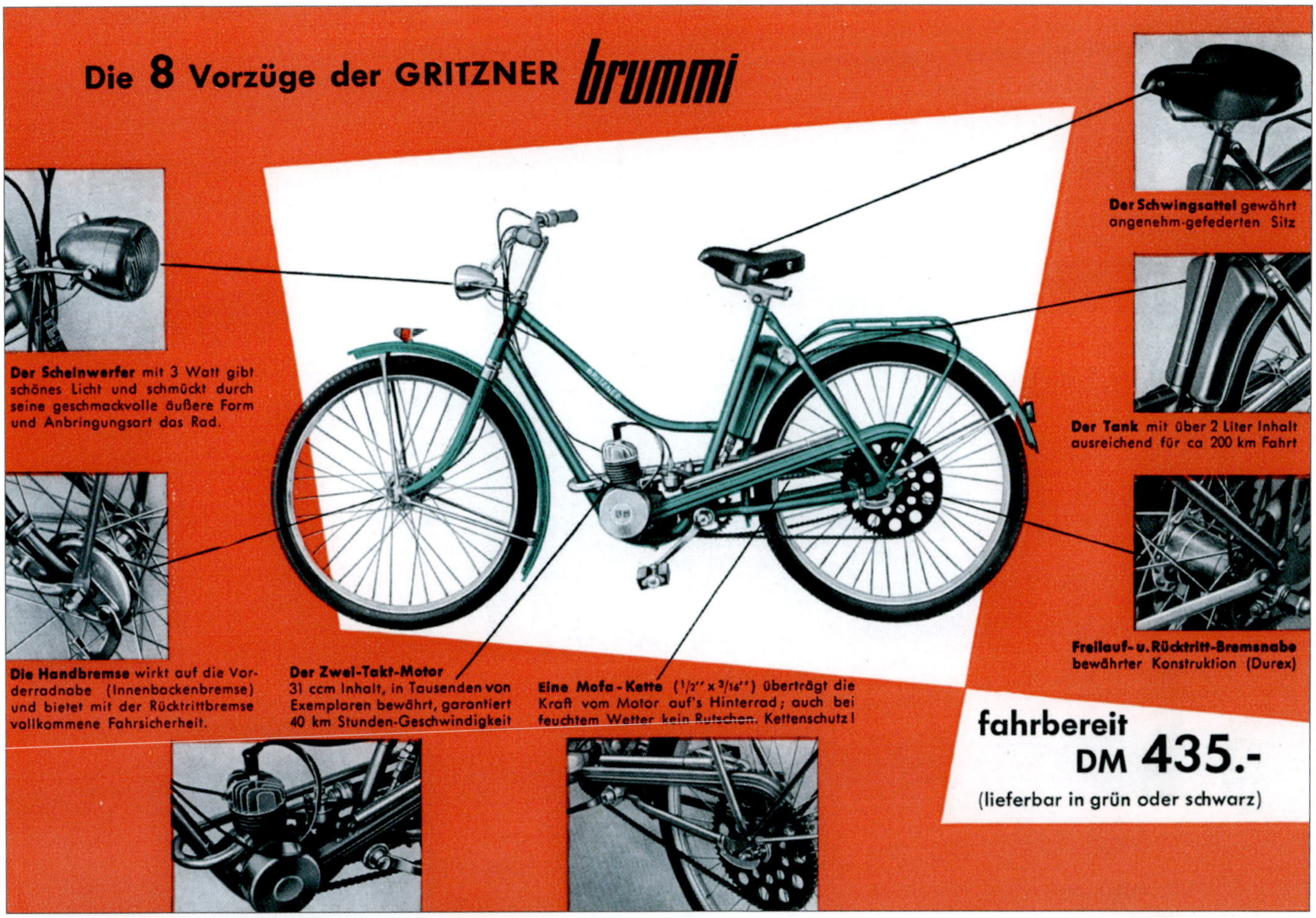

Gritzner mit der Brummi 50 auf der IFMA 1955

Gritzner Brummi 60 mit Zweigangmotor

Gritzner Brummi 70 mit Dreigangmotor

Zweisitzige Gritzner Monza mit 1,6 PS Dreigang-Sachs-Motor, 49 ccm, 55 kg und tiefliegendem Auspuff (oben).
Monza Supersport de Luxe mit 3,6 PS Dreigang-Ilo-Motor, 48 ccm, 65 kg, 70 km/h Spitze und hochgelegtem Auspuff (unten)

## Monza

Von den Mars-Werken, die 1958 „dichtmachen“ übernimmt Gritzner die Modelle Monza und Milano. Das Sportmoped Monza ist mit Profilpressrahmen, Satteltank, Schwinggabel und Hinterradschwinge mit Federbeinen ausgestattet. Es wird zunächst von dem 49-ccm-Sachs-Motor mit 1,25 PS angetrieben, ab 1960 stehen 1,6 PS zur Verfügung. Die Monza Supersport, die 1961 angeboten wird, verfügt über 4,3 PS, bringt es auf 70 km/h, wiegt 65 kg und ist für 998 DM zu haben.

## Milano

Die Milano startet 1958 ebenfalls mit 1,25 PS. Ab 1959 bietet „das Tourenmoped mit der eleganten Note“ (Werbung) einen freien Durchstieg. Der Profilpressrahmen aus Stahlblech ist aus einem Stück. Die beiden Schwinghebel der Gabel werden durch Schwingmetall-Federpuffer (Conti) abgefedert. Der Scheinwerfer mit eingebautem Tacho ist in das obere Gabelende integriert. Auch die Milano ist auf Wunsch mit Dreiganggetriebe lieferbar. Der Kettenkasten ist vollkommen geschlossen, wobei der hintere Teil für Wartungsarbeiten abnehmbar ist. Zur Grundausstattung gehören Weißwandreifen, Vorder- und Hinterrad-Vollnabenbremsen, verchromte Felgen, zweifarbige Lackierung aeroblau/beige oder rot/beige, Soziusfußrasten, verchromter Kofferträger und ein stabiler Mittelständer.

**Gritzner-Inserat von 1959**

**Gritzner Milano in der ersten Version von 1958 mit 1,25 PS Dreigang-Sachs-Motor**

**Die kleine Abbildung zeigt die Gritzner Milano in der Ausführung von 1959 mit 1,25 PS Dreigang Sachs-Motor. Auf den beiden großen Abbildungen ist die Milano zu sehen, wie sie ab 1960 gebaut wurde: mit 1,6 PS Dreigang-Sachsmotor.**

# Hanke & Warneke

Der Bremer Fahrzeugbau Hanke & Warneke baut von 1954 bis 1956 das Eingang-Moped Helios mit dem 48 ccm ILO-Zweitaktmotor FP 50 mit 1,5 PS. Vorne sorgt eine Teleskopgabel für die Federung des Zentralrohrrahmenmopeds, hinten eine Schwinge mit Gummifederelementen. Darauf ist man bei Hanke & Warneke besonders stolz. So heißt es in einem Verkaufsprospekt: „Die Helios verfügt als erste Maschine ihrer Klasse über eine Vorder- und Hinterradfederung." Das rund 33 kg schwere Moped wird auch als „Helios de Lux" angeboten, bei der der Scheinwerfer einen eingebauten Tacho hat, die Felgen verchromt sind und eine Luftpumpe mitgeliefert wird.

**Hanke & Warneke Moped Helios mit geschweißtem Einrohrrahmen**

# Hecker

Die kleine Nürnberger Motorenfabrik, die 1922 von Hans Hecker gegründet wird, ist nur zwei Jahre mit Mopeds auf dem Markt. Es beginnt Anfang 1955 mit dem Zweigang-Ilo-Moped, das als erstes deutsches Moped auch vorn mit Langschwinge und Federbeinen ausgestattet wird. Bei dieser schiebenden Langschwinge (70 mm Radhub) schwingt das Schutzblech mit. Bei der hinteren Schwinge mit Federbeinen (50 mm Radhub) schwingen die Schutzbleche für Rad und Kette nicht mit. An der gedrungenen, niedrigen Form des Hecker-Mopeds mit den kleineren Rädern ist gleich zu erkennen, dass es nicht aus einer Fahrradfabrik stammt.

**Das Zweigangmoped Hecker Blitz erscheint 1956 mit dem 1,25 PS Ilo Piano Motor, langarmiger Vorderradschwinge mit Federbeinen, Hinterradschwinge mit Federbeinen, Satteltank und Doppelsitzbank**

Archiv Bernd Regenberg

Drei weitere Hecker-Mopeds mit Ilo-Motoren kommen 1956 auf den Markt. Die Hecker Blitz ist ein sportliches Moped mit kombiniertem Einrohr-Pressrahmen und Satteltank mit Knieschluss. Die K 50 Sport ist wahlweise mit Zwei- oder Dreiganggetriebe lieferbar, der Rahmen ist ohne Pressteile gestaltet, also ein Rohrrahmen. Das Hecker-Transportmoped ist mit verstärktem Rohrrahmen, geräumiger vorderer Ladefläche und Pendelachse ausgerüstet.

Die allgemeine Absatzkrise ab Mitte der fünfziger Jahre macht Hecker zu schaffen. Ende 1956 stellt Hecker die Zweiradproduktion ein und versucht mit Reparaturen und Handel über die Runden zu kommen. Mitte 1957 ist jedoch auch damit Schluss.

**Beim Hecker-Transportmoped wurde auf den Schwingrahmen verzichtet**

# Heidemann

Nach dem Zweiten Weltkrieg beginnt die alteingesessene Fahrradfabrik Heidemann in Einbeck mit der Produktion eines 123-ccm-Motorrades, das mit einem Sachs-Motor angetrieben wird. 1951 kommen Mofas mit 98-ccm-Motor dazu. Wegen zu geringer Absätze stellt Heidemann die Motorrad- und Mofa-Produktion 1952 schon wieder ein, um ein Jahr später mit der Entwicklung eines Mopeds zu beginnen, das 1954 erstmals vorgestellt wird. Es ist mit einem kräftigen Zentralrohrrahmen mit integriertem Tank ausgerüstet und bietet eine großzügige Durchstiegsmöglichkeit.

Mit eleganter Motorverkleidung, verkleideten Schutzblechen und verchromten Überlaufstreben kommt 1955 die Heidemann HWE/S auf den Markt. Eine moderne Schwinggabel, Teleskop-Hinterradfederung, Bremsvollnaben, ein Schwingsattel, eine Werkzeugbüchse mit Inhalt und ein Gepäckträger gehören zur Standardausführung. Einen Tachometer gibt es gegen Mehrpreis. Die HWE/S wird in schwarz oder lindgrün angeboten, ist mit einem 1,25 PS Zweigang-Sachs-Motor ausgestattet und wiegt 37 kg.

Ebenfalls 1955 erscheint bei Heidemann eine Luxusausführung, die sich nur in Äußerlichkeiten von der Standardausführung unterscheidet. Chromfelgen sind hinzugekommen und ein stabiler Zweibein-Kippständer. Gleichzeitig mit der Touring de Luxe, die von einem Zweigang-Sachs-Motor angetrieben wird, bietet Heidemann noch eine Variante mit Ilo-Motor an, die Corso de Luxe.

1957 wird auch die Mopedproduktion bei den traditionsreichen Heidemann-Werken eingestellt. Die allgemeine Absatzflaute und die starke Konkurrenz lassen keine gewinnbringenden Umsätze zu. Das gilt nicht für die Fahrradproduktion, die läuft erfolgreich weiter.

**Das erste Heidemann-Moped, noch ohne Schutzverkleidungen**

**Heidemann Touring de Luxe mit 1,25 PS Zweigang-Sachs-Motor**

**Die Heidemann Corso de Luxe wird von einem Ilo-Motor angetrieben**

# Heinkel

Als der deutsche Motorflug in seinen Anfängen steckt, ist Ernst Heinkel dabei. Bereits 1911 verfügt er über ein eigenes Flugzeug, mit dem er aus etwa 40 Meter Höhe über Untertürkheim abstürzt. Schwer verletzt wird Heinkel in ein Krankenhaus eingeliefert. 1922 gründet er die Heinkel-Werke, die in den folgenden Jahren Weltgeltung erringen.

Neben Flugzeugen, Kabinen- und Motorrollern und anderem entwickelt Heinkel auch ein Moped. Mit der „Perle“, die auf der IFMA 1953 präsentiert wird, beschreitet Heinkel neue Wege in der Mopedkonstruktion. Das ganze Fahrwerk, bis auf Vordergabel und Hinterradschwinge, besteht aus einem einzigen dünnwandigen Silumin-Gussstück, das nicht nur das eigentliche Rahmenrückgrat, sondern auch den 3,5-Liter-Tank bildet und in einer breiten Gepäckbrücke endet. Das Vorderrad ist mit einer Teleskopgabel, das Hinterrad mit einer Leichtmetallschwinge abgefedert. Der Zylinder des Heinkel-Motors ist mit hartverchromter Lauffläche ausgebildet. Zylinderkopf und Motorblock sind ebenfalls aus Leichtmetall gefertigt. Bei dem Getriebe ist Mittreten in beiden Gängen möglich und Anwerfen des Motors im Stand mit der Tretkurbel. 1954 ist die Perle baureif und kommt auf den Markt. Die eigenwillige Form, die sich von allen Mitbewerbern deutlich abhebt, kommt bei den Mopedkäufern gut an. Außerdem wird dem bekannten Flugzeugkonstrukteur ein großer Kompetenzbonus entgegengebracht und so steht dem Verkaufserfolg der Perle nichts im Weg. Änderungen gibt es in den vier Jahren Bauzeit kaum. Der Preis steigt von 590 DM (1954) auf 660 DM (1958). Der zunächst freistehende Scheinwerfer erhält eine Verschalung. Der rote Polstersitz wird hinten durch eine leicht erhöhte Wulstkante verbessert. Die Heinkel Perle, „die Perle für Jeden“, wie es in der Werbung heißt, gilt heute bei Sammlerfreunden als begehrtes Objekt.

**Mit unkonventioneller Rahmenkonstruktion, eigenem 1,5 PS Zweigang-Motor, Leichtmetallzylinder, Kickstarter, Teleskopgabel und Hinterradschwinge, Kette im Ölbad und Steckachsen beider Räder kommt die Heinkel-Perle auf den Markt**

Restaurierte Heinkel Perle aus der Sammlung Bernd Rosenkranz

# Heitmann & Wittler

Die noch heute existierende Maschinenfabrik in Steinhagen/Westfalen bietet 1954/55 ein formschönes Einrohrrahmenmoped in Zweifarbenlackierung an. Heitmann & Wittler liefert das Moped mit Ilo- und Sachsmotor. Bei dem Ilo handelt es sich um den Zweigang-Motor G 50 Piano mit 1,7 PS. Von Fichtel & Sachs kommt der Zweigangmotor Sachs 50 mit 1 PS zum Einbau.

**Heitmann & Wittler Moped von 1955**

# Hercules

Carl Marschütz, der als Lehrling ein altes Fahrrad geschenkt bekommt, will das durch ein größeres Vorderrad schneller machen. So kommt er mit Mechanikern in Kontakt, die damals als einzige in Deutschland aus englischen Teilen Fahrräder in Handarbeit herstellen. Weil die handgearbeiteten Räder sehr teuer sind, kommt Marschütz auf die Idee, mit einer Fahrradfabrikation größere Stückzahlen schnell und dadurch billiger herstellen zu können.

Marschütz schafft es, den Mechaniker Josef Pirzner und seinen Chef, den Ofenfabrikant Goldstücker, in Verbindung zu bringen. Bereits 1882 entsteht durch seine Initiative in Neumarkt die erste Zweiradfabrik des Kontinents: Express. Marschütz selbst wird bei Express Einkäufer und übernimmt die Werksvertretung in Nürnberg. Das reicht ihm aber nicht: Vier Jahre später gründet er seine eigene „Velociped-Fabrik Carl Marschütz & Co." in Nürnberg. Seine Fahrräder nennt Marschütz Hercules, und das erste Motorrad mit Namen Hercules entsteht 1905. Ein Jahr später wird das Werk umbenannt in „Nürnberger Hercules-Werke GmbH".

Bis zum Zweiten Weltkrieg werden nicht nur Fahrräder und Motorräder bei Hercules gebaut. Auch Lastwagen, Dreiradautos, Rohrmöbel, Krankenhaustische und anderes. Zu allen Zeiten aber werden bei Hercules Fahrräder gebaut.

Marschütz, der wegen der Naziherrschaft in Kalifornien sesshaft wird, verfolgt von dort die Vernichtung seines Lebenswerkes durch Bomben und Demontage. Er stirbt 1957, die Urne wird auf seinen Wunsch in Nürnberg beigesetzt.

1949 geht die Produktion unter neuer Geschäftsführung nach mühsamen Aufbaujahren weiter. 1956 liegt Hercules unter 37 Motorradfabriken auf Platz drei der Zulassungsstatistik und 1962 sogar auf Platz eins. Weil das alte Werk zu klein wird, erwerben die neuen Besitzer Fichtel & Sachs die Zweirad-Union. 1966 zieht Hercules mit allen Beschäftigten und dem gesamten Maschinenpark in die Nopitschstraße 70. Dort sind die Konkurrenten vieler Jahrzehnte vereint: Hercules, Victoria, Express und DKW, wobei Hercules die Gesamtproduktion übernimmt.

## Hercules Moped 213

Das erste Hercules-Moped von 1953 hat noch keinen Namen, später läuft es unter der Bezeichnung 213. Es ist bis auf unwesentliche Details identisch mit den ersten Mopeds von Triumph und Zündapp und wird mit dem Zündapp Combimot angetrieben, obwohl in der zeitgenössischen Literatur dem Hercules-Moped vielfach ein eigener oder ein Triumph-Motor zugeschrieben wird. Auch beim Preis ist sich das Trio einig: Der Grundpreis bei Erscheinen beträgt 548 DM. Insgesamt 12.336 Stück des Typs 213 produziert Hercules von 1953 bis 1955.

**Hercules Moped von 1953, später wurde es Hercules 213 genannt**

## Hercules Sachs 214

Mit Sachs-Motor und zwei Gängen präsentiert sich die Hercules Sachs 214, die ebenfalls noch 1953 erscheint. Außer dem Motor, der jetzt fast völlig verkleidet ist, hat sich gegenüber der 213 kaum etwas verändert. Die Einrohrkonstruktion wird durch eine Pendelgabel ergänzt. Zusätzliche Federung erzeugt ein Schwingsattel. Die Diebstahlsicherung besorgt ein Lenkstangenverschluss mit Steckschloss. Lackiert ist die 214 in grau mit weiß-blauer Linierung oder in blau mit weißer Linierung. In der Bauzeit von 1953 bis 1955 werden 11 944 Exemplare des Typs 214 abgesetzt.

**Die Hercules 213 (oben) ist mit dem 48 ccm Zündapp Combimot mit 1,5 PS ausgerüstet. Zehnprozentige Steigungen können gefahren werden, ohne mitzutreten. Die Hercules 214 (unten) arbeitet mit dem 47 ccm Sachs-Motor**

**Hercules Sachs 214**

## Hercules Sachs 215/216

Diese schicken Zweifarbenmopeds sind identisch mit Triumph-Fips (215) und Triumph-Fips Standard (216). Von den bisherigen Hercules-Mopeds unterscheiden sich die neuen Modelle hauptsächlich durch den schwungvoll geformten Tankrahmen und die breiten, motorradmäßigen Schutzbleche. Bei der 216 ist die Vordergabel gepresst. Zum leichten Ein- und Ausbau der Räder sind beide Naben mit Steckhebel ausgestattet. Die 215 wird von 1954 bis 1956 gebaut, die Auflage beträgt 15 966 Exemplare, die 216 erreicht in ihrer Bauzeit von 1955 bis 1959 eine Auflage von 10 660 Exemplaren.

**Die Hercules Sachs 215 mit 1,25 PS starkem 47 ccm Zweigangmotor steht 1955 mit 590 DM in der Preisliste, Steuern fallen nicht an, die Versicherung kostet 6 DM pro Jahr**

**Hercules Sachs 216, motorisiert wie die 215**

Die Hercules Sachs 217 (oben) erscheint 1956 als Zweigangmoped und ist ab 1957 auch als Dreigangversion erhältlich. Der Einzylinder-Zweitakt 47 ccm Sachs-Motor hat 1,25 PS. Mit demselben Motor kommt 1957 das sportliche Gegenstück auf den Markt: Die Hercules 218 Sport (unten), bei der vor allem der große Tank und die lange sportliche Sitzbank auffallen

## Hercules Sachs 217

Dieser Typ ist baugleich mit der Triumph-Fips Export, und auch von Adler wird das gleiche Moped angeboten. Hercules, Triumph und Adler haben eine Interessengemeinschaft gebildet, die sich aber dann erübrigt, als Triumph und Adler zum Grundig-Konzern stoßen und den Bau von Zweirädern aufgeben. Gebaut werden diese Gemeinschaftsmopeds bei Hercules. Die wichtigste Neuerung ist die hintere Triebsatzschwinge von Präfana beziehungsweise von Fichtel & Sachs. Der völlig verkleidete Pressblechtankrahmen verfügt über eine Pressblechvordergabel mit harmonisch eingebautem Scheinwerfer. Der Werkzeugkasten ist unter dem Gepäckträger angebracht, der Auspufftopf vergrößert. Die 217 ist in monacoblau-firngrau oder schwarz-elfenbein lackiert, und gegen Mehrpreis sind folgende Sonderausstattungen möglich: Weißwandreifen, Reifen in 23 x 2,25, Spritzschutz und Kindersitz. Eine Dreigangausführung wird 1957 herausgegeben, von der ein Tester in der Zeitschrift „Das Moped" schwärmt: „Man muss schon sagen, das Hercules-Mopeds ist ein schmuckes Ding, wenn es so in seinem jungfräulichen Glanz vor einem steht." Insgesamt werden von der 217, die von 1956 bis 1959 produziert wird, 19 748 Exemplare unter die Leute gebracht.

## Hercules 218 Sport

Die 218 Sport wird zwischen 1956 und 1959 in einer Stückzahl von 3 646 Exemplaren gebaut und ist baugleich mit der Sport-Fips von Triumph. Während die 217 einen schwungvollen Pressstahltankrahmen zeigt, betont die Sportausführung mit ihrem verkleideten Doppelrohrrahmen die strenge Waagerechte. Großer Tank, lange Sitzbank und der bekannte, langovale Werkzeugkasten unterstreichen diese Linie. Neben dem Sportmoped, das alle Vorzüge genießt, die der Gesetzgeber hinsichtlich Steuer-, Zulassungs- und Führerscheinfreiheit dem Moped einräumt, stellt Hercules auch ein dem Sportmoped entsprechendes Kleinkraftrad mit Dreigangggetriebe her, die 218 K.

**Hercules 219 von 1958 mit 1,25 PS**

**Hercules 220 von 1961 mit 1,8 PS**

**Hercules Lastboy-Moped**

## Hercules 219/220

Bei achttägiger Nonstopfahrt über 6 580 km wird das Hercules-Moped 219 auf der Strecke Schweinfurt-Nürnberg bei zum Teil schlechtem Wetter erprobt. Die Techniker sind zufrieden: Es gibt keine Beanstandungen an Fahrzeug und Motor. Lediglich mussten einmal der Auspuff gereinigt und die Kette nachgespannt werden. Der Durchschnittsverbrauch liegt bei 1,72 Liter/100 km. 1958 kommt die 219 auf den Markt und ist in Helltürkis-Grau oder kardinalrot-grau zu haben. Auf Wunsch ist ein Dreigangmotor lieferbar. Das Sitzkissen wird in passender Farbe gearbeitet, Weißwandreifen sind serienmäßig. Der Tank ist verchromt, der Kettenkasten geschlossen. Die 220 ist für den Zwei-Personen-Verkehr konstruiert. Rahmen, Bremsen und Federelemente sind der erhöhten Belastung angepasst. Angetrieben wird die 220 von dem 1,6 PS Sachs-Motor, ab 1961 steht eine 1,8 PS Maschine zur Verfügung. Als 220 L ist das Moped auch mit Sachs-Lüftermotor mit Dreiganggetriebe lieferbar. Die Farbkombination ist hierbei monacoblau-grau. Diese Typenreihe wird bis weit in die sechziger Jahre gebaut.

**Zwei auf einen Streich: Im Vordergrund die Hercules 219 von 1960, hinten die Hercules 220 von 1963. Die 219 von 1960 wird von dem 1,6 PS Sachs-Motor angetrieben und ist, wie die Version von 1958, mit zwei oder drei Gängen lieferbar**

# *Horex*

Ein betont sportliches Moped mit Knieschlusssitzposition bringt die berühmte Motorradfabrik Horex aus Bad Homburg 1956 heraus. Die Rebell ist ausgestattet mit dem 1,25 PS starken 47 ccm Sachs-Motor mit wahlweise zwei oder drei Gängen und einem elektrisch geschweißten Einrohr-Schalen-Kombinationsrahmen. Auffallend ist die Langarmschwinge, deren Schwingpunkt sehr weit hinten angelenkt ist und die durch eine Teleskopgabel geführt wird. Der Kettenkasten ist geschlossen. Der Tank fasst 8,5 Liter, der Verbrauch liegt bei 1,5 Liter pro 100 km. Die 35 kg schwere Rebell, deren Produktion 1957 eingestellt wird, kostet 598 DM.

**Motor:** Einzylinder-Zweitakt-Motor, Typ Sachs 50, 47 ccm Hubraum, 1,25 PS Leistung, Zweigang-Getriebe, 17-Watt-Zündlichtanlage, Vergaser mit Luftfilter und Ansauggeräuschdämpfer und eingebauter Startvorrichtung. Getriebeschaltung durch Lenker-Drehgriff. Motor im Stand antretbar, Bergsteigefähigkeit bis 18 %. Brennstoffnormverbrauch ca. 1,3 Liter auf 100 Kilometer.

**Fahrgestell:** Drehsteifer Einrohr-Rahmen aus nahtlosem Präzisions-Stahlrohr. Langhubige Vorderrad-Teleskopgabel, Hinterradschwingen-Federung, die sich durch wartungsfreie Federbeine abstützt. Breite, tief heruntergezogene Schutzbleche mit Seitenblenden. Großer Kettenschutz.

**Räder:** Bereifung 23 × 2,00. Stahlfelgen und Vollnabenbremsen bei Vorder- und Hinterrad.

**Kraftstoffbehälter:** Knieschluß-Tank mit 8,5 Liter Fassungsvermögen, ausreichend für über 500 km Fahrstrecke.

**Lichtanlage:** 6 Volt, 17-Watt-Scheinwerfer mit Blendschirm und abgedeckter Tacho-Einbauöffnung. Elektrisches Rücklicht mit Rückstrahler.

**Ausstattung:** Weichgefedertes Schaumgummi-Sitzkissen in zwei Farben, Lenker nach Sitzposition einstellbar, großer Werkzeugbehälter mit komplettem Bordwerkzeug, Luftpumpe unter dem Tank angebracht, Kippständer, Diebstahlsicherungsschloß.

**Oberflächen:** Solide Verchromung, dreifach-Hochglanz-Hartlackierung, Leichtmetallteile poliert.

**Farben:** Pastellblau mit lichtgrauem Tank und Zierlinien, oder Burgunderrot mit lichtgrauem Tank und Zierlinien.

**Sonderzubehör:** Gegen Aufpreis lieferbar, Tachometer, Doppelsitzbank, Windschutzscheibe, Gepäckträger, polierte Leichtmetallfelgen, Weißwandreifen.

**Abmessungen:**

| | |
|---|---|
| Radstand | 1125 mm |
| Länge über alles | 1760 mm |
| Sattelhöhe | 745 mm |
| Breite | 560 mm |

Abbildungen dieser Seite: Archiv Bernd Regenberg

# Ilo

Werkzeuge für den Gleisbau stellen die Ilo-Werke her, als sie 1911 gegründet werden. Daher rührt auch das Firmenzeichen „Ilo", welches in der Kunstsprache Esperanto für „gutes Werkzeug" steht. Anfang der zwanziger Jahre bis etwa 1925 baut Ilo komplette Motorräder, danach nur noch Motoren als Antrieb für Pumpen, Elektroaggregate usw. Aber auch ein Fahrradhilfsmotor wird bei Ilo gefertigt, der über dem Hinterrad oder im Rahmendreieck eingebaut werden kann. Diesen Motor, für jedes Fahrrad verwendbar, vertreibt Ilo weltweit. Der Fahrradmotor entwickelt sich zum Antriebsmotor für Motorfahrräder, aus denen in den dreißiger Jahren die Kleinkrafträder entstehen. Darüber hinaus werden auch ausgewachsene Motorradmotoren, z.B. für Victoria und Tornax, produziert. In den dreißiger Jahren läuft das Hauptgeschäft bei Ilo auf dem Dreiradsektor. Antriebsmotoren für Rollfix, Goliath und Tempo sind im Programm, und ein 125-ccm-Motorradmotor entsteht, der u.a. an Tornax, Favorit, Geier, Brücker, UT und Hecker geliefert wird. Während des Krieges baut Ilo für diese Firmen weiter, und für das Tempo-Werk wird ein 600-ccm-Motor für Geländewagen gefertigt.

Nach dem Krieg repariert Ilo zunächst Motorradmotoren für die britische Rheinarmee und nimmt die Produktion von Fahrradhilfsmotoren wieder auf. Ende der vierziger Jahre beginnt der Bau von Motorradmotoren bis 250 ccm und Motorrollermotoren bis 200 ccm. Außerdem wird in Pinneberg der Vespa-Motor in Lizenz hergestellt. Aus den Motorrollermotoren entstehen Kleinwagenmotoren für Hersteller wie Kleinschnittger, Fuldamobil und Champion.

Dann werden Mopedmotoren produziert, die als robust und zuverlässig gelten und von vielen Mopedherstellern bestellt werden. 1954 laufen bereits über 100 000 Ilo-Motoren in mehr als 30 verschiedenen Markenmopeds.

**Links: Der Ilo Fahrradhilfsmotor F 60 H (Hinterrad) oder F 60 R (Rahmendreieck) mit 60 ccm Hubraum und 1,25 PS wird von 1926 bis 1948 gebaut. Rechts: Ilo Reibrollenmotor F 48 von 1949 mit 48 ccm Hubraum und 1 PS. 1953 stand der F 48 mit 268 DM in der Liste**

**Ilo Produktionshalle; die Aufnahme entstand 1954**

**Ilo G 50 Motor in der Sitta Credette III. Die Zeitschrift „Das Moped und der Kleinroller" schreibt im März 1955 über den Ilo G 50: „Der Ilo-Motor ist gerade recht für dieses Fahrzeug. Man kann ihn durch einen kräftigen Tritt im Stand starten, und der Mittelständer knickt dabei nicht auseinander"**

Ilo Mopedmotor H 48

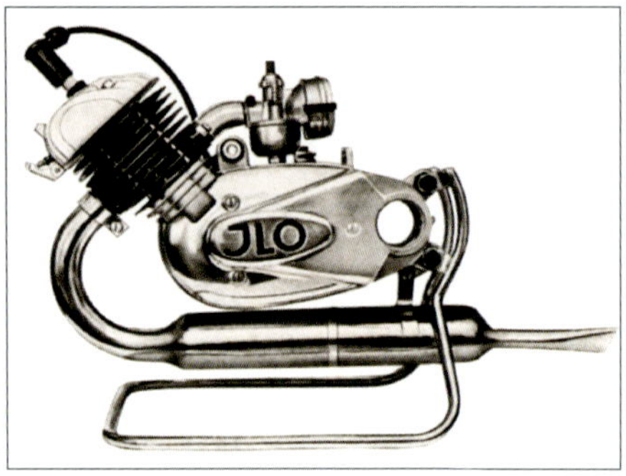


Ilo Mopedmotor FP 50

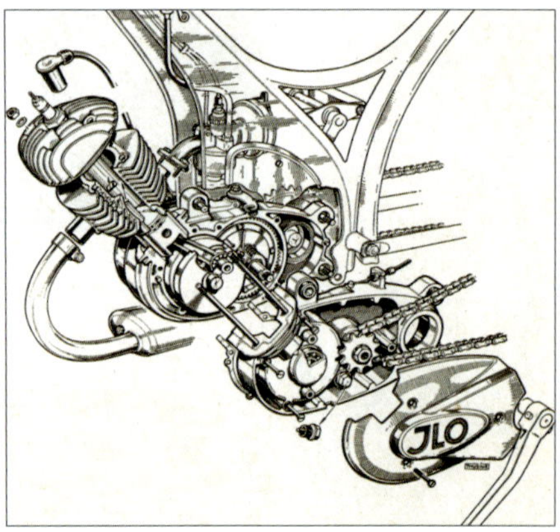


Aufbau des Ilo FP 50

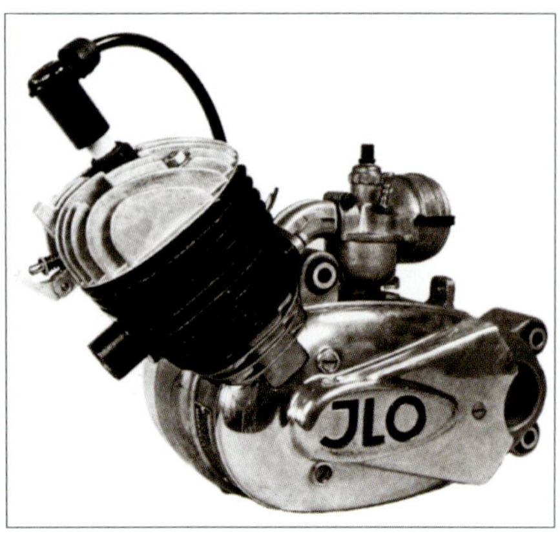


Ilo FP 50

Die Entwicklung der Mopedmotorenproduktion beginnt bei Ilo eigentlich schon nach der Währungsreform. Nachdem 1948 die Produktion des Fahrradhilfsmotors F 60 eingestellt wird, entwickelt Ilo hieraus, wegen der Beschränkung auf 50 ccm, den Typ H 48 für Mopeds in Pinneberg. Gleichzeitig läuft bei Süd-Ilo in München der Reibrollenmotor F 48 in Serie, der an jedes Fahrrad montiert werden kann.

Abgelöst wird der F 48 durch den FP 50 mit Einganggetriebe, der für den Einbau in Mopeds konstruiert ist. Der zunächst in Grauguss gearbeitete Zylinder wird später durch einen Leichtmetallzylinder mit eingezogener Laufbüchse abgelöst. Die auf kräftigen Lagern laufende Kurbelwelle überträgt die Leistung über schrägverzahnte Stirnräder auf die im erweiterten Kurbelgehäuse auf einem Nadellager laufende Stahllamellenkupplung. Um Metallabrieb von den Lagern und den Zahnrädern auszuschließen, ist im Kurbelgehäuse eine Magnetschraube eingebaut.

Weiter geht es bei Ilo mit der Entwicklung von Mehrgangmotoren. Die Typen G 50 mit wahlweise Zwei- oder Dreiganggetriebe kommen auf den Markt, bei denen das Tretlager im Motor integriert ist. Bei dem Zweigang-Ilo arbeitet der Motor über einen Kettentrieb auf die Vorgelegewelle, auf der auch die Kupplung mit vier Lamellenpaaren sitzt. Die Kraftübertragung vom Vorgelege auf die Antriebswelle geschieht über durch Klauen und Schaltrad in zwei Gängen schaltbare Zahnräder. Startmöglichkeit ist in der Leerlaufstellung des Getriebes gegeben, Tretmöglichkeit im kleinen Gang mit gezogener Kupplung. Diese G 50 liefert Ilo mit oder ohne Ventilator (Eigenkühlung), und auch eine Version mit Automatikgetriebe kommt heraus. Wegen der Einführung eines Zahnriemens anstelle der Kette für die Kraftübertragung bekommen die Modelle wegen der Geräuschreduzierung den Beinamen „Piano“.

Ende der fünfziger Jahre stellt Ilo die Hauptproduktion auf stationäre Motoren um. Motoren für Mokicks und Kleinkrafträder werden zwar noch bis in die sechziger Jahre gebaut, aber dann ist Schluss mit dem Zweiradgeschäft.

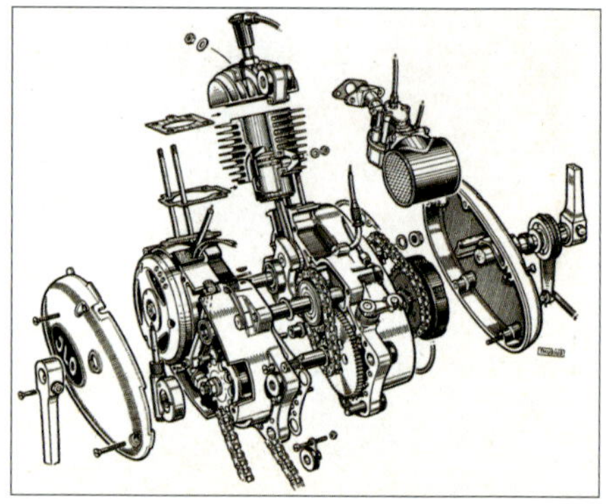

Ilo Mopedmotor G 50

Ilo G 50 mit Automatikgetriebe

Ilo G 50 Piano

# Kalkhoff

Mitte der fünfziger Jahre gibt es bei den Kalkhoff-Fahrradwerken in Cloppenburg ein Einrohrrahmenmoped mit Vorderradfedergabel und Innenbackenbremsen vorn und hinten. Zwei Varianten werden angeboten. Der Typ KM 50 I ist mit dem 1,4 PS starken Eingang-Ilo-Motor FP 50 ausgerüstet und der Typ KM 50 S mit dem 1,25 PS leistenden Zweigang-Sachsmotor 50. Der Schwingsattel, der mit Tasche und Werkzeug geliefert wird, ist verstellbar. Zur Serienausstattung gehören der Gepäckträger, der Kettenschutz, der Kleiderschutz, der Seitenständer, die Luftpumpe und die Klingel. Lackiert sind die Kalkhoff Mopeds in blau mit Metalleffekt.

**Das Kalkhoff Moped KM 50 I wird Mitte der fünfziger Jahre zum Preis von 540 DM angeboten. Für den Antrieb sorgt der Einzylinder Zweitaktmotor FP 50 von Ilo. Mit einer Tankfüllung (3,5 Liter) kann man mehr als 200 km fahren**

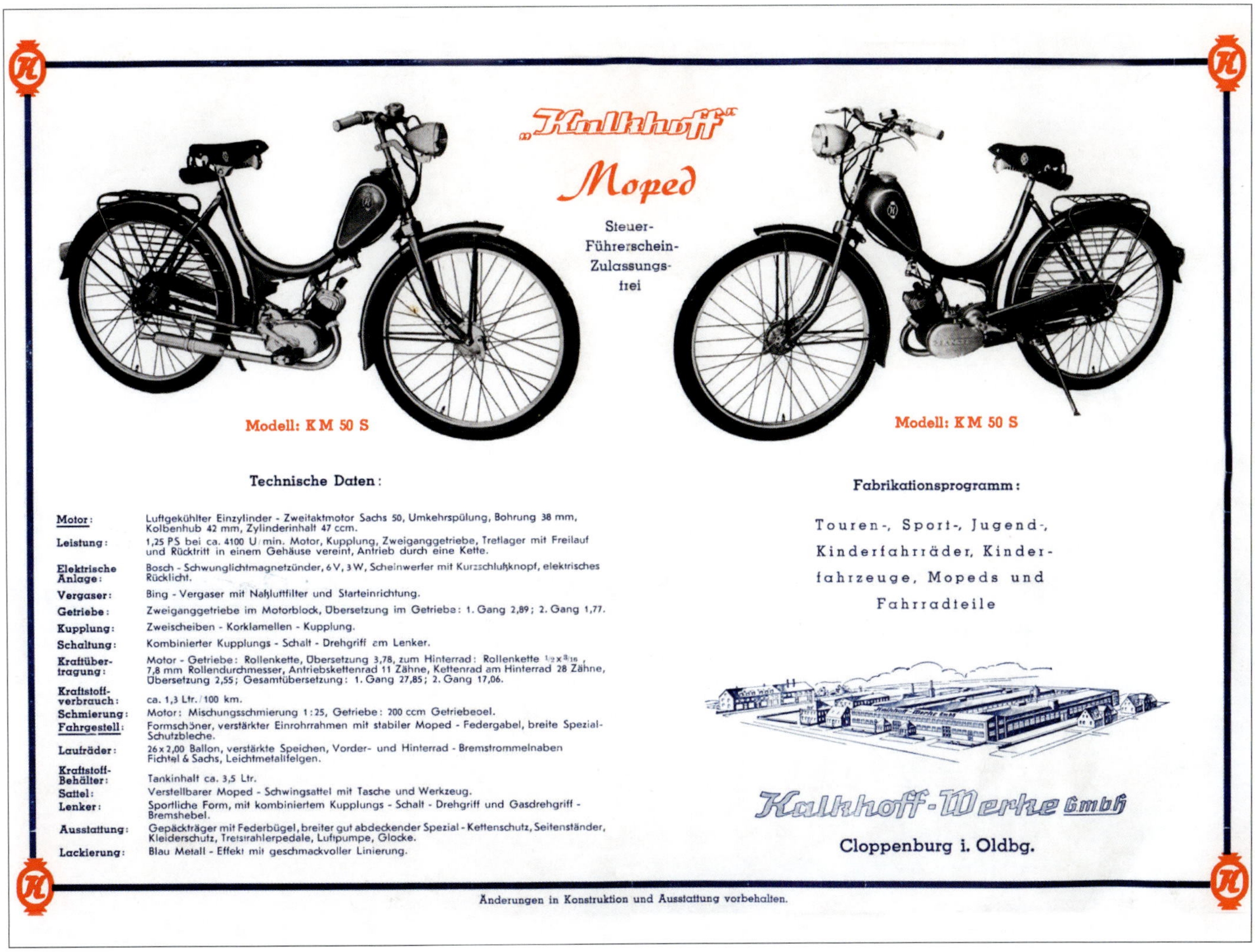

„Kalkhoff"

Moped

Steuer-
Führerschein-
Zulassungs-
frei

Modell: KM 50 S

Modell: KM 50 S

**Technische Daten:**

| | |
|---|---|
| **Motor:** | Luftgekühlter Einzylinder - Zweitaktmotor Sachs 50, Umkehrspülung, Bohrung 38 mm, Kolbenhub 42 mm, Zylinderinhalt 47 ccm. |
| **Leistung:** | 1,25 PS bei ca. 4100 U/min. Motor, Kupplung, Zweiganggetriebe, Tretlager mit Freilauf und Rücktritt in einem Gehäuse vereint, Antrieb durch eine Kette. |
| **Elektrische Anlage:** | Bosch - Schwunglichtmagnetzünder, 6 V, 3 W, Scheinwerfer mit Kurzschlußknopf, elektrisches Rücklicht. |
| **Vergaser:** | Bing - Vergaser mit Naßluftfilter und Starteinrichtung. |
| **Getriebe:** | Zweiganggetriebe im Motorblock, Übersetzung im Getriebe: 1. Gang 2,89; 2. Gang 1,77. |
| **Kupplung:** | Zweischeiben - Korklamellen - Kupplung. |
| **Schaltung:** | Kombinierter Kupplungs - Schalt - Drehgriff am Lenker. |
| **Kraftübertragung:** | Motor - Getriebe: Rollenkette, Übersetzung 3,78, zum Hinterrad: Rollenkette ½ x $^3/_{16}$, 7,8 mm Rollendurchmesser, Antriebskettenrad 11 Zähne, Kettenrad am Hinterrad 28 Zähne, Übersetzung 2,55; Gesamtübersetzung: 1. Gang 27,85; 2. Gang 17,06. |
| **Kraftstoffverbrauch:** | ca. 1,3 Ltr./100 km. |
| **Schmierung:** | Motor: Mischungsschmierung 1:25, Getriebe: 200 ccm Getriebeoel. |
| **Fahrgestell:** | Formschöner, verstärkter Einrohrrahmen mit stabiler Moped - Federgabel, breite Spezial-Schutzbleche. |
| **Laufräder:** | 26 x 2,00 Ballon, verstärkte Speichen, Vorder- und Hinterrad - Bremstrommelnaben Fichtel & Sachs, Leichtmetallfelgen. |
| **Kraftstoff-Behälter:** | Tankinhalt ca. 3,5 Ltr. |
| **Sattel:** | Verstellbarer Moped - Schwingsattel mit Tasche und Werkzeug. |
| **Lenker:** | Sportliche Form, mit kombiniertem Kupplungs - Schalt - Drehgriff und Gasdrehgriff - Bremshebel. |
| **Ausstattung:** | Gepäckträger mit Federbügel, breiter gut abdeckender Spezial - Kettenschutz, Seitenständer, Kleiderschutz, Tretstrahlerpedale, Luftpumpe, Glocke. |
| **Lackierung:** | Blau Metall - Effekt mit geschmackvoller Linierung. |

**Fabrikationsprogramm:**

Touren-, Sport-, Jugend-, Kinderfahrräder, Kinderfahrzeuge, Mopeds und Fahrradteile

Kalkhoff-Werke GmbH

Cloppenburg i. Oldbg.

Änderungen in Konstruktion und Ausstattung vorbehalten.

**Prospekt von 1955**

Alle Abbildungen dieser Seite: Archiv Bernd Regenberg

# KaWe

Die Fahrzeugwerke KaWe, die eigentlich für den Bau von Fahrrad- und Mopedanhängern zuständig sind, bringen ein „Invaliden-Dreirad-Moped" auf den Markt, das von dem 48 ccm Sachs-Motor angetrieben wird. Das Fahrgestell ist aus stabilem, schwarz lackiertem Stahlrohr hergestellt und wird von 23er Bereifung in Gang gesetzt.

**KaWe Invaliden-Dreiradmoped von 1955 mit dem 1 PS starken 48 ccm Sachsmotor, den Fichtel & Sachs nur an Fabriken zum Einbau liefert**

**KaWe Mopedanhänger Modell 55 A, Größe 100 x 60 x 25, Tragkraft 200 kg, Bereifung 20 x 2,25, auch ohne Holzkasten lieferbar**

**KaWe Mopedanhänger Modell 55 mit abnehmbarer Klappvorrichtung. Größe 100 x 60 x 25, Tragkraft 200 kg**

Abbildungen: Archiv Bernd Regenberg

**Das gesetzlich festgelegte Höchstgewicht für Mopeds beträgt 33 kg. Mit 12 kg „Übergewicht" gilt die Kreidler K 50 offiziell nicht als Moped**

# Kreidler

Kaisers Zeiten herrschen in Deutschland, der Jugendstil ist auf dem Höhepunkt und der Opel-Tonneau wird aus der Taufe gehoben, als 1902 die „Kreidlers Metall- und Drahtwerke" gegründet werden. Ein umfangreiches Fabrikationsprogramm wird in Stuttgart-Zuffenhausen aufgebaut und fünfzig Jahre später sind mehr als 1 000 Leute bei Kreidler beschäftigt. 1951 wird das neue Motorfahrrad K 50 vorgestellt und eine erstaunlich konsequente Modellpolitik eingeleitet. Man konzentriert sich ausschließlich auf Kleinkrafträder mit 50-ccm-Motoren, freilich mit angemessener Variantenvielfalt: Mopeds, Motorfahrräder, Motorräder, Rollermopeds und Motorroller.

1959 ist jedes dritte in der Bundesrepublik gebaute Motorrad eine Kreidler-Florett und unter dieser Bezeichnung wird auch Ende der sechziger Jahre noch bei Kreidler produziert. Sportmaschinen und Rennmotorräder machen von sich reden, Weltrekorde werden aufgestellt und Kreidler baut seinen Marktanteil trotz der Zweiradkrise kräftig aus. Erst in den siebziger Jahren, als in der Bundesrepublik die Italiener und die Japaner auf den Markt drängen, wird es für Kreidler eng. Schließlich wird das traditionsreiche Unternehmen an eine italienische Firma abgegeben.

## Kreidler K 50

Sie ist zwar offiziell noch kein Moped, die K 50, die Kreidler 1951 auf den Markt bringt, aber diese Moped-Vorläuferin ist schon nahe dran. Nur das Gewicht und die Höchstgeschwindigkeit stimmen noch nicht. Der durchstiegsfreie Einrohrrahmen weist nahtlos gezogenes Stahlrohr auf, eine Zweipunkt-Motoraufhängung in Gummielementen und eine langhubige Teleskopvordergabel. Das Mofa ist mit einer Dauerleistung von 2,2 PS ausgerüstet. Interessant ist die Tatsache, dass der Tretkurbelantrieb schon in das Getriebe eingebaut und nur eine Kette für Tretantrieb und den Motorantrieb vorhanden ist.

## Kreidler Junior J 50

Als die Führerscheinfreiheit abhängig wird vom Fahrzeuggewicht unter 33 kg, ist Kreidler gleich 1953 mit einem regelrechten Moped auf dem Markt. Die J 50 verfügt über einen Einrohrrahmen, der gleichzeitig als Drei-Liter-Tank dient. Der Tankeinfüllstutzen liegt unter dem hochklappbaren Sattel. Den Antrieb besorgt der 50-ccm-Zweitaktmotor mit hartverchromtem Aluminiumzylinder, der für die K 50 entwickelt worden war, jedoch ohne Wechselgetriebe. Die Bergsteigefähigkeit wird mit 12 Prozent angegeben. Das Triebwerk ist schon leicht verkleidet. Die Innenbackenbremsen vorn und hinten sind reichlich dimensioniert, die Betätigung erfolgt durch Handhebel vorn und Fußhebel hinten.

# Beflügelt

sind Sie mit der „Kreidler K 50". Der starke 2,2-PS-Motor verleiht dem Fahrzeug eine verblüffende Bergfreudigkeit; das Fahren wird zur ungetrübten Freude.
Diese einzigartige Konstruktion ist die Vollendung des motorisierten Fahrrades. In Verbindung mit einem auf den 50-ccm-Motor zugeschnittenen Spezialfahrgestell bleiben trotz hoher Fahrleistung die Vorzüge des Fahrrades erhalten.

## „KREIDLER K 50" 8 x gewertet:

❶ **Gefällig und elegant** – durch ihre Form und die hübsche, hellgrüne Lackierung mit Metalleffekt. Lenker, Hebel, Auspuff und Auspufftopf sind verchromt.

❷ **Leistungsstark** – denn wo findet man sonst noch ein Fahrzeug, das mit einem 50-ccm-Motor mühelos 50–55 km/h erreicht und Steigungen bis zu 15 % aus eigener Kraft überwindet? Beschleunigung von 20 auf 40 km/h innerhalb 5 sec.

❸ **Stabil** – weil die „Kreidler K 50" einen starken Einrohrrahmen aus Präzisionsstahlrohr, eine kräftige Telegabel und einen soliden Hinterrahmen besitzt.

❹ **Betriebssicher** – durch einfachste Bedienung, Schaltfehler durch die Spezial-Konstruktion des Getriebes unmöglich gemacht. Seit 3 Jahren im In- und Ausland unter schärfsten Betriebsbedingungen erprobt.

❺ **Fahrsicher** – durch hervorragende Straßenlage dank kräftiger, langhubiger Teleskopgabel und durch großes Bremsvermögen infolge überdimensionierter Innenbackenbremsen vorn und hinten.

15 %

❻ **Gut ausgerüstet** – mit großem Bilux-Scheinwerfer, Motorrad-Sattel, elektrischem Horn und einem Tank für 7 l Inhalt. Auf Wunsch zusätzlich Motorschutzverkleidung und Tachometer.

❼ **Sparsam** – weil 1 km Fahrstrecke nur rund 1 Pfennig Betriebsstoff kostet. Steuer- und zulassungsfrei. Haftpflichtversicherung nur 90 Pfennig im Monat.

❽ **Preisgünstig** – denn die „Kreidler K 50" kostet ab Werk: in Standard-Ausführung DM 565.–
in Luxus-Ausführung DM 588.–.

Was wirklich in der „Kreidler K 50" steckt, kann Ihnen nur eine Probefahrt zeigen. Ihr nächster Kreidler-Händler steht Ihnen gerne zur Verfügung.

**Aus einem zweiseitigen Werbeprospekt von 1952**

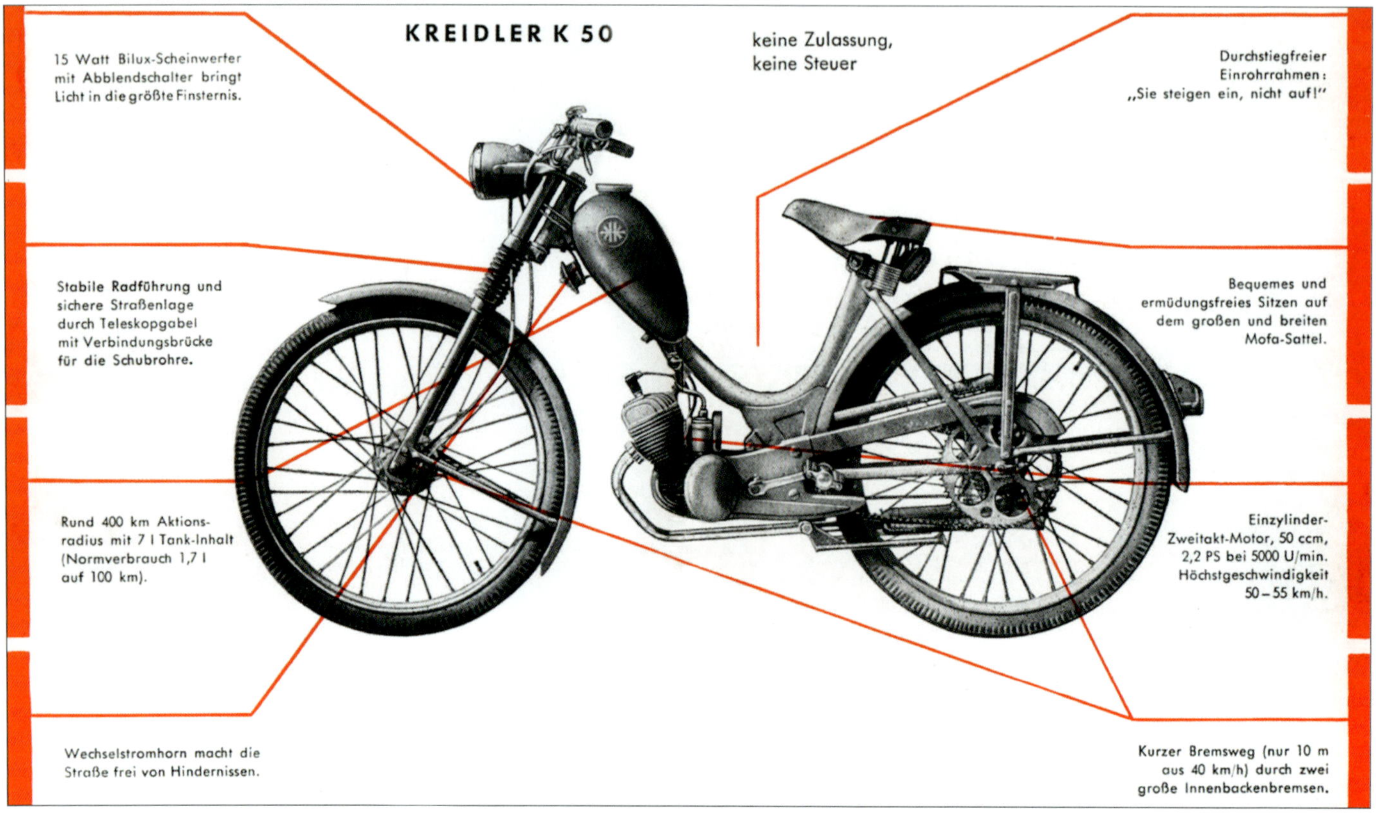

**Auf der Basis der K 50 konzipiert ist der Motorroller R 50, den Kreidler 1954 für 865 DM anbietet. Wegen der üppigeren Verkleidung wiegt der Roller 58 kg**

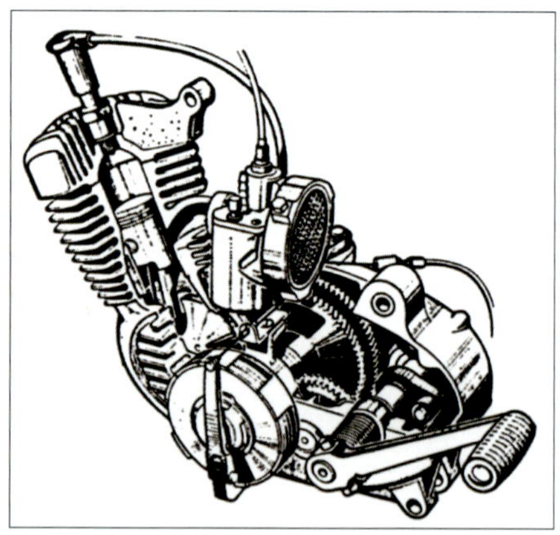

**Der 50 ccm Kreidler Motor hat eine Dauerleistung von 2,2 PS, die das Mofa zu 50 bis 55 km/h Höchstgeschwindigkeit verhilft. Weil derTretkurbelantrieb in das Getriebe eingebaut ist, ist nur eine Kette für Tret- und Motorantrieb vorhanden**

**Das 50 ccm Motorrad Kreidler K 51 ist mit Kickstarter ausgestattet, ansonsten fast identisch mit dem Mofa K 50 und auch steuer- und zulassungsfrei**

Zweiseitiger Werbeprospekt von 1953. Rechts: Die Kreidler K 50 in Aktion

Das erste „richtige“ Moped von Kreidler: Die Junior J 50 ist mit dem bewährten 50 ccm Kreidler-Motor ausgestattet, erreicht 40 km/h und wird 1954 zum Preis von 498 DM angeboten

Die zweifarbig lackierte Kreidler Junior J 51/1 ist mit Hinterradfederung ausgestattet und wird 1956 für 598 DM angeboten

## Kreidler Junior J 51

Eine leicht modifizierte Form hat die J 51 aufzuweisen, die 1955 die deutsche Mopedszene bereichert. Der Tankrahmen ist etwas verändert, die Schutzbleche sind tiefer gezogen, der Sattel ist kräftiger. Der Motor leistet jetzt zwei PS, und die Zweigang-Lenkerschaltung funktioniert ohne zu kuppeln. 1956 wird die J 51 weiter verbessert. Durch den vergrößerten Tank, der jetzt sechs Liter fasst, hat sich das Gesamtbild stark verändert. Das Moped wirkt jetzt kompakter und kräftiger und verfügt über eine Hinterradfederung. Ein Zweigang-Synchrongetriebe ist eingebaut und der Kupplungshebel wird nur zum Anfahren und Anhalten benötigt. Der im ersten Gang eingebaute Überholfreilauf ermöglicht relativ ruckfreies Langsamfahren im Großstadtverkehr und flottes Umschalten am Berg. Die Bergsteigefähigkeit wird mit 20 Prozent angegeben. Die J 51/1, wie sie jetzt präzise heißt, wird selbstverständlich mit Zweifarblackierung und Sicherheitsschloss serienmäßig ausgestattet. Bei Erscheinen kostet dieses Moped 598 DM, 1957 wird der Preis auf 525 DM gesenkt. Für den Tacho muss man allerdings noch 20 DM zulegen.

Kreidler J 51 R

## Kreidler J 51 R

Als Neuerung an den Kreidler-Typen erscheint 1956 eine Version mit Schmutzschutz, der aus Blechen hinter dem Vorderrad und flexiblen Bodenflächen besteht, die beim Pedaltreten nach unten ausweichen. Die Bodenflächen, die aus Kunststoff gearbeitet sind, sollen vor Spritzern von unten schützen. Dieser auch zweifarbig lackierte Typ nennt sich Rollermoped.

## Kreidler Amazone

Mit der Amazone, die erstmals Ende 1956 vorgestellt wird, hat man sich bei Kreidler dem „new look“ angepasst. Stromlinienform, üppige Verkleidung und eine Sitzbank sind die neuen äußeren Merkmale. Trotz des weitgehenden Schmutzschutzes wirkt die Amazone recht sportlich. Der Pressrahmen ist mit einer Schwinge ausgestattet. Die Vollnabenbremsen verzeichnen einen Durchmesser von 90 mm vorne und 100 mm hinten. Der Satteltank fasst 5,7 Liter und wird mit einem Kunststoffverschluss geliefert. Der bewährte Kreidler-Motor mit dem verblockten Zweiganggetriebe mit Synchronschaltung bildet auch für die Amazone das Antriebsaggregat. Auf Wunsch sind drei Gänge lieferbar. Die Mehrscheiben-Trockenkupplung liegt, wie bei Kreidler üblich, frei rechts am Gehäuse, was den Vorteil der Fahrtwindkühlung bringt. Der neue Auspuff, der das Fahrgeräusch herabdrücken soll, ist zur besseren Reinigung zerlegbar. Lack und Chrom gelten als hervorragend verarbeitet. Ein kräftiger Kippständer, ein Sicherheitsschloss am Hinterrad und der Gepäckträger werden inklusive geliefert. Die Zweifarbenlackierung wird in elfenbein-hellblau angeboten.

**Die Kreidler Amazone wird 1956 vorgestellt und ist mit Zweiganggetriebe für 698 DM lieferbar und mit Dreiganggetriebe für 738 DM**

## Kreidler Florett

Als IFMA-Sensation wird 1956 das „steuerfreie Vollmotorrad“ Florett gefeiert. Ein richtiges Moped ist die Florett in der Tat nicht mehr, obwohl der Hubraum von 50 ccm nicht überschritten wird. Kreidler stellt sich mit der Florett auf die ständig steigenden Käuferwünsche ein. Das Fahrwerk ist stabiler, die Bremsen sind besser, das Gesamtgewicht höher, der Motor erhält größere Leistungsreserven und die Federung ist wirksamer geworden. Die Florett ist mit Doppelsitz und Soziusrasten ausgestattet und wird mit Führerschein Klasse IV gefahren. Sie ist auf Autobahnen zugelassen und muss ein Nummernschild tragen. Das Werkzeug ist in einem Schubfach im Tanktunnel untergebracht. Der Triebwerksblock mit dem gebläsegekühlten Motor ist verschalt.

**Kreidler Florett auf dem Titel der Zeitschrift „Das Moped“, Ausgabe 4. Dezember 1957**

**Dreigangmoped Kreidler Florett von 1958 mit 3 PS und Kickstarter**

**Doppelsitzbank: Kreidler Florett von 1960**

**Diese Aufnahme stammt von einem Dia, das als Werbung in Kinos eingesetzt wurde. Der Text dazu: Kreidler Florett, eine so gut wie die andere! 11 Weltrekorde!**

Der Kühlluftmantel ist gegossen, der Kurzhubmotor dreht bis 7 000 und leistet gut drei PS. Das Dreiganggetriebe funktioniert mittels Zweizugschaltung. Das Hinterrad verfügt über Steckachsen, beim Radausbau bleiben Antrieb und Bremse am Rahmen. Die Hinterradbremse wird durch Seilzug betätigt. Der Vorderkotflügel ist enorm breit und tragendes Teil für die Langschwinge, in der durch Druckfedern gefedert das Vorderrad aufgehängt ist. Eine ausreichende Hinterradfederung ist durch die hydraulisch gedämpfte Schwinge mit 90 mm Federweg gewährleistet. Der Sporttank fasst 8,4 Liter, die Bergsteigfähigkeit wird mit 32 Prozent angegeben. Zur Serienausstattung gehören Tachometer, Lenkschloss, Mittelkippständer, Werkzeug, verchromte Federbeine und ein verchromter Auspuff sowie die rot-schwarze Zweifarblackierung.

Foto: Manfred Nabinger

**Natürlich kein Moped mehr, aber traumhaft schön: Kleinkraftrad Kreidler Florett Super von 1961. Jedes dritte Kraftrad, das in jenen Jahren in der Bundesrepublik gebaut wird, ist eine Kreidler Florett. In der 50 ccm Klasse ist die Florett das meistgefahrene Motorrad**

## Lutz

Der Gründer der in Braunschweig-Kralenriede ansässigen Lutz GmbH, Dr. Otto Lutz, ist ordentlicher Professor an der Technischen Hochschule Braunschweig und zeichnet für die Konstruktion der Lutz-Motoren verantwortlich. Zunächst werden kleine 58-ccm-Einbaumotoren hergestellt, ab 1949 auch Kleinroller. Fahrräder mit Hilfsmotoren sind ab 1950 im Programm. 1953 folgen drei Mopedausführungen, die mit dem eigenen 49,3-ccm-Eingangmotor angetrieben werden. Die P 53 Standard und die RE 53 Export sind mit einem Doppelrohrrahmen ausgestattet, der den Motor zwischen den Rohren trägt. Bei der Standard-Ausführung hängt der kleine, kastenförmige 3-Liter-Tank an dem Oberrohr, die Export-Version verfügt über einen richtigen 5-Liter-Mopedtank.

Während bei ähnlichen „Fahrrad-Mopeds" der Durchstieg sehr geräumig ist, ist bei den Lutz-Ausführungen wegen der eigenwilligen Motoranordnung der Durchstieg nur von geringer Größe. Die Fahrgestelle werden von der Bielefelder Fahrradfabrik Rapier geliefert. Wegen der großen Konkurrenz im Moped-Motorenbau stellt Lutz bereits 1954 seinen Betrieb ein.

**Eingang-Moped Lutz RE 53 Sport (oben) und Lutz PS 53 Sport (unten)**

# *Maico*

Als die Maico-Werke in Pfäffingen 1981 ihr Firmenjubiläum zum 50jährigen Bestehen feiern, ahnen sie sicher noch nicht, dass zwei Jahre später Konkurs angemeldet werden muss. Das traditionsreiche Motorradwerk mit dem hohen Bekanntheitsgrad für schwäbische Präzisionsarbeit kann dem enormen Druck der Konkurrenz aus Italien und besonders aus Japan nicht mehr standhalten. Dass damit ein weiterer bedeutender deutscher Motorradhersteller vom Markt verschwindet, beunruhigt nicht nur die Zweiradbranche.

Mopeds werden bei Maico bereits 1953 gebaut. Das „Wiesel" ist eines der ersten allradgefederten Mopeds. Es verfügt über eine Vorder- und eine Hinterradschwinge, wobei Gummielemente vorn als Zugfeder und hinten als Druckfeder arbeiten. Als Antriebsquelle dient der Zweigang-Sachs-Motor. Die Antriebskraft wird mit nur einer Kette vom Motor und von den Pedalen zum Hinterrad übertragen. Die ersten Maico-Wiesel werden mit 26-Zoll-Reifen ausgestattet, ab 1955 gibt es jedoch die 23-Zoll-Bereifung, die für eine niedrige Bauart und damit auch für ein kompakteres Erscheinungsbild sorgt. Bei dieser neuen Ausführung sind breite Schmutzverkleidungen an beiden Rädern und ein Kettenschutz angebracht. Eine Dreigangausführung unter der Bezeichnung Wiesel II, ebenfalls mit Sachs-Motor, wird 1957 auf den Markt gebracht.

Maico Wiesel von 1953

Archiv Bernd Regenberg

Maico Wiesel von 1955

# Mars

Mars baut nicht mehr", meldet die Zeitschrift „Das Moped" im September 1958, und fügt hinzu: „Vor einigen Tagen musste nun doch der Konkurs angemeldet werden, was niemand mehr bedauert als wir, die wir die Bemühungen der Leute, ihre alte gute Tradition fortzusetzen, kannten." In der Tat verlässt mit Mars eine renommierte Motorradfabrik den deutschen Markt. Bereits 1898 als Fahrradfabrik gegründet, nehmen die Nürnberger schon bald die Motorradfertigung auf. 1920 entsteht die legendäre Weiße Mars mit 1000-ccm-Maybach-Motor. Nach dem Krieg macht Mars durch Pionierleistungen im Bereich der Hinterradschwinge, der Gummifederung und der 16-Zoll-Reifen von sich reden.

Archiv Bernd Regenberg

**Das Mars Zweigangmoped von 1954 ist mit dem 48 ccm Sachs-Motor ausgerüstet, der von einem stabilen Zentralrohrrahmen getragen wird. Kettenschutzblech, Gepäckträger, Werkzeugtasche, Scheinwerfer, Luftpumpe, Signalglocke und der Mittelständer gehören zur Serienausstattung. Der Tank fasst 3,5 Liter, Verbrauch 1,2 Liter**

## Mars Moped

Das erste Moped von Mars trägt noch keinen Namen. Es erscheint 1954 mit einem Zentralrohrrahmen und einer Vorderradschwinggabel. Die zwei Schwinghebel der Gabel werden durch Feder-Puffer abgefedert und in den Auslegern der Gabel gelagert. Das Mars-Moped wird von einem Sachs-Zweigangmotor angetrieben, bei dem Tretlager, Freilauf und Rücktritt eingebaut sind. Die Ballonräder sind noch 26 Zoll groß. Lackierung: silbergrau, mocca oder schwarz. Der Preis: 575 DM. Für 6 DM Aufschlag gibt es Stahl-Chrom-Felgen, und der in den Scheinwerfer eingebaute Tacho kostet 22 DM.

## Mars 23 S

Mit der 23 S hat Mars ein kompakt wirkendes Moped mit 23-Zoll-Bereifung geschaffen, dessen tragende Teile sämtlich aus Blech gepresst sind. Die Hinterradkette ist gekapselt, der Kettenkasten wird zum Tragen des Hinterrades herangezogen. Neben der beim Vormodell schon erwähnten Vorderradschwinge wird hier auch eine gummigefederte Hinterradschwinge nach dem Vorbild der Mars-Motorräder geboten. Die Schutzbleche sind breit gezogen, das hintere geht aus dem Pressstahlrahmen hervor und trägt frei den verchromten Gepäckträger. Der Kettenkasten ist voll geschlossen. Die Mars 23 S ist ab 1955 erhältlich.

## Mars 23 DS

Das sogenannte Tourenmoped wird 1956 angeboten und löst die 23 S ab. Die Hinterradfederung der 23 DS ist mit Federbeinen ausgebildet. Ab 1957 bietet Mars die 23 DS auch mit dem Sachs-Dreiganggetriebe an, was den Preis auf 715 DM bringt. Kurze Zeit vor dem Konkurs werden wahlweise außer Sachs- auch Ilo-Motoren offeriert.

Das Kleinstkraftrad **Monza** erscheint 1956, und das sportliche Tourenmoped **Milano** ist ab 1957 erhältlich. Beide Typen werden von dem 47 ccm Sachs angetrieben. Sie werden nach dem Mars-Konkurs von Gritzner weitergebaut und sind dort beschrieben.

**Das Mars Moped 23 S trumpft 1955 mit gummigefederter Hinterradschwinge auf. Es ist damit dem Stand der Technik voraus**

**Das Zweigangmoped Mars 23 DS kommt 1956 auf den Markt. Es wiegt 35 kg und ist für 648 DM zu haben**

**Das „Tourenmoped" Mars Milano ist 38 kg schwer, kostet in der Zweigangversion 698 DM, mit drei Gängen 735 DM**

# Meister

## Mammut ▪ Phänomen

August Plöger gründet 1921 die Meister-Fahrradwerke in Bielefeld. Elf Jahre später übernimmt Erhard Doppelt, ein Kaufmann aus den Sachs-Werken, das Unternehmen. Nach dem Krieg steigt Doppelt, wie so viele andere Fahrradproduzenten, ins Motorradgeschäft ein. Zwischen 1950 und 1956 werden verschiedene Maschinen bis 200 ccm mit Ilo- und Sachs-Motoren hergestellt. Hinzu kommt der Einkaufs-Stadtroller „Solo".

Der Einstieg in die Mopedproduktion wird 1951 mit einem Fahrrad mit Hilfsmotor vorbereitet und gleich 1953, im Moped-Startjahr, ist Doppelt mit von der Partie. Bis 1958 werden verschiedene Mopeds produziert, die aber nicht nur unter der Bezeichnung Meister firmieren: Doppelt bedient sich zweier weiterer Motorradmarken, die vor dem Zweiten Weltkrieg hohes Ansehen genießen, danach aber nicht mehr selbst produzieren. So erscheinen bei den Meister-Werken alle Typen gleich dreimal: als Meister, Mammut und Phänomen. Unterschiede sind nur äußerlich, also bei der Tankbemalung oder Schutzblechlinierung, auszumachen und bei den jeweiligen Typenbezeichnungen. Als Doppelt Anfang der sechziger Jahre aufgibt, übernimmt die Firma Schminke in Bad Wildungen die Bezeichnung Meister für ihre Fahrräder.

**Meister-Fahrrad mit Hilfsmotor. Es ist der Einzylinder-Zweitaktmotor des Ingolstädter Herstellers Küchen mit 38 ccm Hubraum und 0,95 PS, mit dem eine Höchstgeschwindigkeit von 35 km/h erreicht werden kann. Der Tank fasst zwei Liter, der Verbrauch beträgt 1,3 Liter. Dieser Einbaumotor wiegt 8 kg, wird bis 1955 angeboten und kostet 260 DM**

**Mammut Bimbo von 1953 mit 1,5 PS Zweitakt-Ilo FP 50 Motor. Kraftübertragung: Eingang-Getriebe, Stahllamellenkupplung, Rollenkette auf Hinterrad. Fahrgestell: Durchstiegfreier Stahlrohrrahmen, Vorderrad-Gummifedergabel, Hinterradgabel mit Ausfallschuhen. Bremsen: Vorn Innenbackenbremsen, hinten Freilaufbremsnabe. Bereifung: 26 x 2,00. Der Tank fasst 2,6 Liter, der Verbrauch beträgt 1,2 Liter. Die Steigfähigkeit ohne Mittreten liegt bei 10 %. Die Mammut Bimbo wiegt 30 kg und kostet 535 DM. Die Daten sind identisch mit denen der Meister Junior und der Phänomen Bobby**

### Meister Junior, Mammut Bimbo, Phänomen Bobby

Die ersten Meister-Mopeds, die 1953 auf den Markt kommen und noch wie Fahrräder aussehen, sind mit dem Ilo-FP-50-Motor mit Einganggetriebe ausgerüstet. Der Stahlrohrrahmen wird ergänzt durch eine Hinterradgabel mit neuartigen Ausfallschuhen, die die Demontage erleichtern sollen. Die Meister-Silastic-Vordergabel mit 50-mm-Federweg ist durch die Verwendung von profiliertem Gummikörper wartungsfrei.

Die Ballonräder sind noch nicht Moped-typisch 23 Zoll, sondern 26 Zoll groß. Die Emaillierung ist tiefschwarz, der Tank, der recht groß wirkt, fasst nur 2,6 Liter. Vergaser und Luftfilter sind seitlich verkleidet. Gepäckträger, Werkzeugtasche, Abstellstütze, Luftpumpe, Signalglocke und elektrisches Rücklicht sind im Preis enthalten. Aufpreis wird fällig bei eingebautem Tacho, Diebstahlsicherung und Sonderlackierung in Dunkelblau.

## Meister Saxoni, Mammut Tourist, Phänomen Fix

Die wie richtige Mopeds aussehenden Typen von 1954 sind mit dem Einzylinder-Zweitakt-Sachs-Motor mit Zweiganggetriebe ausgestattet. Bei dem Zentralrohrrahmen ist der jetzt typische Mopedtank nach vorn verlegt. Die Federung hat sich nicht geändert. Die Vergaserverkleidung ist zwar nicht schön, aber neu. Außer Schwarz und Dunkelblau ist bei diesen Modellen auch ein heller Grünton (gegen Aufpreis) lieferbar. 1955 wagt sich kurz eine weiterentwickelte Konstruktion ans Tageslicht, die die Verwendung verschiedener Motoren ermöglicht und das Sattelrohr zur Aufnahme des Werkzeuges ausgebildet hat. Produktionsreif ist diese Konstruktion allerdings erst in den nachfolgend aufgeführten Typen.

**Die Mammut Tourist (oben) ist identisch mit der Meister Saxoni (ganz oben und rechts). Für den Antrieb der Zweigang-Mopeds sorgt der 48 ccm Sachs Motor. Die „Silastic“ Gabel aus eigener Fertigung hat einen 50 mm elastischen Federweg. 1954 erscheint auch der Meister Solo-Roller (oben rechts) mit 50 ccm Motoren von Sachs oder Ilo**

Das Zweigang-Moped Meister M 45/3 von 1955 ist mit Teleskop- oder Federgabel lieferbar

Meister Zweigang-Moped M 45 F mit Hinterradschwinge und Teleskop-Federbeinen. Sachs-Motor mit Pedalkickstarter und Lenkerschaltung

## Meister M 45/3, Mammut 245/3K, Phänomen 67/3K

Eine sehr gefällige, hübsche Mopedreihe ist den Meisterwerken mit ihren 55er Modellen gelungen. Die Gesamtform wirkt durch die auf 23 Zoll verkleinerten Reifen kompakter. Der Kettenschutz verdeckt auch den Vergaser und einen Teil des Zylinderkopfes. Die vorderen Schutzbleche sind mit schwungvoll geführten Seitenblechen verkleidet. Als Antrieb dient der schon zuvor erwähnte Sachs-Motor.

## Meister M 45 F, Mammut 245 F, Phänomen 67 F

„In seiner natürlichen Eleganz noch gefälliger als in der bildlichen Wiedergabe!“ verspricht die Werbung der Meisterwerke den Interessenten der Mopeds von 1956, und in der Tat sind die Neuen bildschön. Die Zweifarbenlackierung in Cortinagrau/Rot ist wahlweise auch in Reseda/Creme oder Schwarz/Chrom zu bekommen. Aber das Wichtige an den „F“-Modellen ist die neue Hinterradschwinge mit Teleskop-Federbeinen. 1957 werden äußerliche Änderungen vollzogen: Die Seitenverkleidungen des vorderen Schutzbleches sind jetzt gerade. Die Gabel ist gepresst, und die vorher so schnittig wirkende Zylinderkopf-Kettenkasten-Verkleidung in einem Stück ist in zwei Teile aufgelöst.

## Meister M 45 SL, Mammut 245 SL, Phänomen 67 SL

Die Krönung des Meister-Programms ist zweifellos der SL-Typ, der 1957 die Mopedszene bereichert. Die Super-Luxus präsentiert sich mit neuer Linie. Die Bauteile sind völlig abgedeckt, und die Karosserie ist auffallend glattflächig gestaltet. Selbstverständlich sind: Allrad-Schwingfederung, dauerabgeblendeter 15-Watt-Scheinwerfer mit eingebautem Tacho, Vollnaben, Weißwandreifen, Chromfelgen und Schrader-Ventile zur Pressluftfüllung an Tankstellen. Nur zwei Flügelschrauben sind zu lösen, um das untere Verkleidungsteil zu entfernen. Ebenso einfach ist die Demontage des Oberteils. Als Lackierung wird nur Resedagrün/Creme angeboten.

Die Meister M 45 SL, das „SL“ steht für „Super-Luxus“, zeigt sich in einer Karossierung, deren weitgehende Verkleidung den Motor- und Fahrgestellaggregaten Schmutzschutz bietet. Nur zwei Flügelschrauben sind zu lösen, um das untere Verkleidungsteil mühelos zu entfernen (rechts). Ebenso einfach ist die Demontage von Tank und Karosserieoberteil (oben)

Meister M 45 SL und die identische Phänomen 67 SL. Zweigang-Mopeds mit Vierkant-Stahlrohrrahmen. Kurze Schwinge mit Gummidrehfedern vorne, Schwinge mit zentraler Druckfeder, hinten Steckachse. 1957 werden die 40 kg schweren SL-Typen für 715 DM angeboten

Meister GS III mit Zweigangschaltung und GS IV mit drei Gängen (ganz oben). Dreigang-Moped Meister GS V mit Doppelsitzbank (oben). Solo-Sport-Dreigang GS VI (rechts)

## Meister GS-Reihe

Ende der fünfziger Jahre werden die SL-Typen von der GS-Reihe abgelöst. Es sind die letzten Mopeds von Erhard Doppelt, der Anfang der sechziger Jahre aufgibt.

Bei der GS III handelt es sich um ein Zweigang-Moped, die Typen GS IV, GS V und GS VI sind mit drei Gängen ausgestattet. Ansonsten sind die Daten weitgehend identisch: 48 ccm Sachs-Motor mit 1,6 PS, Pedalkickstarter, Pressstahlrahmen mit Motorhauben, Hinterradschwinge mit Teleskopfederbeinen, Teleskopvordergabel mit verschaltem Scheinwerfer, breite Schutzbleche mit Spritzschürzen, Schwingsattel und Zweifarblackierung. Die GS III und die GS IV sind serienmäßig mit Schwingsattel ausgestattet, Einfach- und Doppelsitzbänke können gegen Aufpreis geordert werden. Dagegen werden die Modelle GS V und GS VI bereits in der Serienausstattung mit Sitzbänken angeboten. Weißwandreifen, Fußrasten und ein verchromter Kofferträger gehören bei allen GS-Typen zur Sonderausstattung.

Alle Abbildungen dieser Seite: Archiv Bernd Regenberg

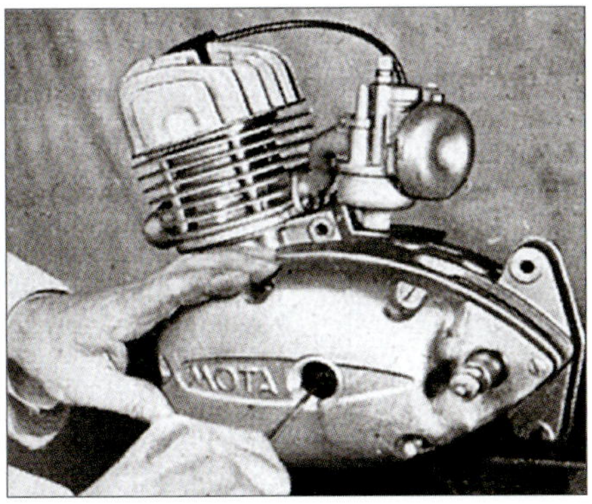

**Ein eigener Einbaumotor treibt das Metzger & Schlegel Moped „Motte“ an**

# Metzger & Schlegel

Mit dem eigenen Mota-Mopedmotor P 50/1 sind die Metzger & Schlegel-Mopeds Motte I und Motte II ausgerüstet, die Mitte der fünfziger Jahre auftauchen. Der Mota-Motor hat ein festes Vorgelege und Lamellenkupplung. Die Tretkurbelwelle ist im Gehäuseblock eingebaut, steht aber mit dem Getriebe nicht in Verbindung. Die Kraftübertragung vom Motor auf die Vorgelegewelle geschieht durch Zahnräder, die einschließlich der Kupplung in einem auf der linken Motorseite liegenden Gehäuse im Ölbad laufen. Das Antriebskettenrad liegt hinter diesem Gehäuse. Der Leichtmetallzylinder besitzt eine Laufbuchse aus Spezialgrauguss. Weitere Daten des Zweizylindermotors mit 48,8 ccm Hubraum: 2 PS bei 5500 U/min., Einganggetriebe, 6-Volt/3-Watt/18-Watt-Lichtanlage mit Schwungradlichtmagnet. Weiter verfügt die Motte über einen Tiefziehblechpressrahmen und Feder- oder Teleskopgabel, 26-er Reifen, 5,5-Liter-Tank, Innenbackenbremsen vorn und eine Rücktrittsbremsnabe hinten.

# Miele

Buttermaschinen, Staubsauger, Milchzentrifugen, Waschmaschinen, Bügeleisen, Geschirrspüler, Wäschetrockner, Milchkühlanlagen, Küchenmöbel, Herde, Luftreiniger, Müllpressen: Wen wundert es, dass Miele auch mal Fahrräder, Mopeds, und Motorräder herstellte. Das 1899 in Herzebrock (Westfalen) mit elf Mitarbeitern gegründete Unternehmen residiert heute in Gütersloh – mit rund 16.000 Mitarbeitern. In den fünfziger Jahren gehört Miele zu den größten deutschen Zweiradherstellern. Als Ende der fünfziger Jahre der Moped- und Motorradumsatz einbricht, gibt Miele 1961 zugunsten der Produktion von Geschirrspül- und Waschmaschinen die Zweiradherstellung auf.

## Miele K 50

Mit einem Doppelrohrrahmen, Teleskop-Vordergabel, Innenbackenbremsen vorn und hinten ist das Miele-Moped ausgestattet, das 1954 erscheint. Der Zweigang-Sachs-Motor ist sehr tief angeordnet, was eine günstige Schwerpunktlage bewirkt. Der Preis von 598 DM schließt bei schwarzer Lackierung Chromfelgen mit ein. Bei Rotbraun oder Effektblau werden für die Chromfelgen 7, 80 DM extra berechnet, für den Tacho 22 DM.

## Miele 50 S

Mit Hinterradschwinge ist die 50 S gefedert, die 1956 bei Miele gebaut wird. Üppige, schmutzabhaltende Hinter- und Vorderradverkleidungen und ein geschlossener Kettenkasten sorgen für kompaktere Optik. Der eingebaute Tacho ist jetzt beim Preis von 655 DM inklusive. Der 47 ccm Sachs-Motor der 38 kg schweren Mopeds leistet 1,25 PS. Der Benzintank fasst 6,5 Liter, der Verbrauch wird mit 1,5 Liter pro 100 km angegeben. Zur Sonderausstattung gehören Weißrandreifen und wahlweise ist ein Dreiganggetriebe lieferbar.

**Mieles erstes Moped: Die K 50 von 1954 mit 47 ccm Sachs-Zweigang-Motor**

**Mit einem Spezial-Dreirohrrahmen, Teleskopgabel und Schwinge mit Federbeinen hinten: Miele 50 S von 1956**

**Die vollverkleidete selbsttragende „Sitzhaube“ prägt das Aussehen der Miele K 51 von 1956, die mit Teleskopgabel und Teleskopfederung hinten ausgestattet ist**

**In dem neuen sportlichen Design: Miele K 52 mit 47 ccm Sachs-Motor**

**Das Miele Spitzenmodell K 52/2 mit 1,6 PS leistendem 47 ccm Sachs-Motor und Pressschalenrahmen von 1960 kostet 865 DM**

**Vorzüglich restauriert: Miele K 51 aus der Sammlung Bernd Rosenkranz**

**47 ccm Sachs-Motor mit 1,6 PS, Dreiganggetriebe: Miele K 52 Sport**

Foto: Manfred Nabinger

**Zweifarbige Doppelsitzbank, verchromte Stahlfelgen, Weißwandreifen: Miele K 52/2**

## Miele K 51

Moped-Roller nennen die Miele-Leute ihr neues Gefährt, das eine freitragende und leicht abnehmbare Verkleidungshaube trägt. Erstaunlich ist für ein solch umfangreich verkleidetes Moped der tiefe Durchstieg. Unter dem zweifarbigen Schaumgummisitzkissen ist das Werkzeug versteckt. Oval-Zweirohrrahmen, Teleskopgabel mit großem Federweg. Für den Antrieb ist der 47 ccm Sachs-Motor mit Zweiganggetriebe und Pedal-Kickstarter zuständig. Die Einheitslackierung ist pappelgrau/grün. Der Preis: 715 DM.

## Miele K 52/K 52 Sport

Von 1958 bis 1961 werden beide Ausführungen gebaut. Der Rohrrahmen wird von dem Schalenrahmen abgelöst, bei dem gepresste Blechteile mittels elektrischer Schweißung zu einem leichten aber stabilen Rahmenkörper verbunden werden. Der moderne, eingebaute Oval-Scheinwerfer verfügt über einen Lichtschalter mit Zündunterbrechung. Der Sachs-Motor ist auf Wunsch mit Dreiganggetriebe erhältlich. Die Sportausführung, mit zweifarbiger Dreiviertelsitzbank ausgestattet, verfügt über einen verchromten Vorderradschwingenbügel und Weißwandbereifung als Serienausstattung. Die K 52 ist zweifarbig pappelgrau/grün und einfarbig mittelblau oder rotbraun erhältlich. Auf Wunsch ist auch eine schwarze Lackierung möglich.

## Miele K 52/2

Die K 52/2 ist das zweisitzige Gegenstück zur K 52 Sport. Sie wird serienmäßig mit Dreiganggetriebe geliefert. Der 47 ccm Sachs-Motor leistet 1,6 PS. Wie bei den K 52er Modellen sorgen eine Langarmschwinge mit Federbeinen vorne und eine Schwinge mit Federbeinen hinten für möglichst stoßfreies Fahren. Als Lackierung stehen zur Wahl: grau/delphinblau, feuerrot/schwarz oder sanddünenbeige/korallenrot. Die 45 kg schwere Maschine kostet 865 DM. 1961 kommt noch die K 53 auf den Markt, ein Leichtkraftrad mit drei Gängen, 3,2 PS und einem Anschaffungspreis von 948 DM.

# M.O.N.

Die Maschinenfabrik Oberndorf-Nekkar KG bringt 1953 den „Schwarzwälder Zwerg“ auf den Markt. Er ist mit einem 50-ccm-Rex-Motor, Riemenantrieb und Satteltank ausgerüstet.

**Inserat von 1953**

# Monachia

Etwa Mitte der fünfziger Jahre bringt die in München ansässige Monachia zwei Rohrrahmenmopeds auf den Markt. Das eine ist mit einem Eingang-Zündapp-Motor, das andere mit dem Zweigang-Sachs ausgerüstet. Beide verfügen über eine Telegabel vorn, 26er Bereifung, Fünf-Liter-Tank und werden für 475 beziehungsweise 495 DM angeboten.

# Neckermann

Mopeds per Versand: Neckermann macht´s möglich! Drei Modelle werden 1956 per Katalog angeboten. „Verkauf über den kürzesten Weg“ ist die Devise der Frankfurter Versender, der Großhandel werde bei ihnen ausgeschaltet, was für den Neckermann-Kunden eine günstige Preisgestaltung zur Folge habe. In der eigenen Wohnung könne man ganz in Ruhe das richtige Fahrzeug auswählen, das entsprechende Zubehör gleich mit, und eine Garantiekarte, die bei Lieferung des Mopeds geschickt werde, sichere sogar für die Dauer eines halben Jahres Inspektion und Kundendienst. Dieser werde von dem weitverzweigten Ilo-Netz durchgeführt.

Necko 100 (399 DM), Necko 200 (450 DM) und Necko-Luxus (499 DM) sind die Bezeichnungen der Mopeds. Als Antriebsquelle wird der Ilo-Eingangmotor für die Necko 100 verwendet, die beiden anderen Mopeds besitzen den Ilo-Piano mit Zweiganggetriebe. Konstruktion, Fahrwerk und Rahmen stammen von den Geier-Fahrradwerken Upmeier in Lengerich, die auch Motorräder herstellen.

Alle drei Fahrzeuge sind mit einer Vorderradschwinggabel mit Gummidruck-Federelementen ausgerüstet, die einen Federweg von 40 bis 50 mm besitzen. Die Necko-Luxus hat einen Vollschwingrahmen mit zusätzlicher Hinterradschwinge, deren Gesamtfederweg 50 bis 60 mm beträgt. Der Rahmen besteht aus Doppelovalrohr und ist nach oben von einem 5,4-Liter-Tank und einer Kunststoffabdeckung geschlossen. Der Werkzeugbehälter befindet sich unter dem Sattel. Lackierung: zweifarbig silbergrau/blau.

**Titel eines sechsseitigen Prospektes von Neckermann, der 1956 erscheint**

Beide Abbildungen: Archiv Bernd Regenberg

Neckermann Eingang-Moped „Necko 100“ mit 48 ccm Ilo-Motor

Neckermann Zweigang-Moped „Necko 200“ mit 48 ccm Ilo-Piano-Motor

Als Zubehör bietet Neckermann eine blausilberne Doppel-Packtasche für 13,90 DM an

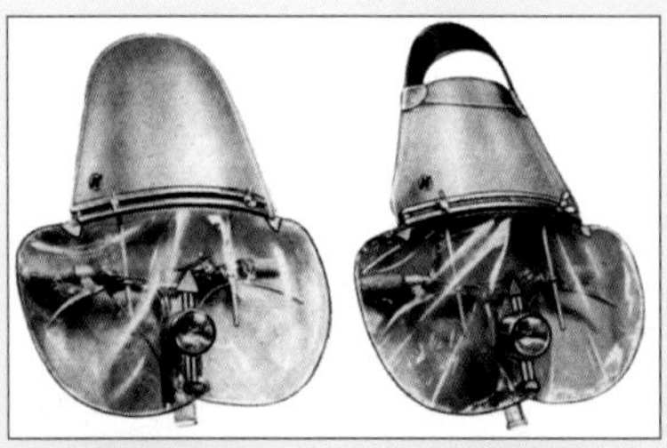

Auch Winschutzscheiben gibt es bei Neckermann, mit und ohne Sehschlitz, zu Preisen von 18,95 DM und 21,50 DM

Neckermann Zweigang-Moped „Necko Luxus“ mit Vorder- und Hinterradschwinge

Archiv Bernd Regenberg

# NSU

Die Geschichte der berühmten NSU-Werke beginnt 1880 mit einer Strickmaschinenfabrik, die von Christian Schmidt in Neckarsulm gegründet wird. 1886 wird die Produktion umgestellt: Ab jetzt werden Fahrräder gebaut, zur Jahrhundertwende auch Motorräder, und die ersten NSU-Automobile erscheinen 1906. Nach dem ersten Weltkrieg beginnt ein Produktionsboom, der bis zum Zweiten Weltkrieg fast ununterbrochen anhält. Das erste Hilfsmotorfahrrad „Motosulm" erscheint 1931 mit 60-ccm-Zweitaktmotor. Die NSU-Quick, die 1936 auf den Markt kommt und auch nach dem Zweiten Weltkrieg bis 1953 weitergebaut wird, ist eines der erfolgreichsten Motorräder der Welt.

## NSU Quickly

Deutschlands erfolgreichstes Moped erscheint gleich zu Beginn des bundesdeutschen Mopedstarts 1953. Was die NSU-Konstrukteure ins Rennen schicken, kann sich sehen lassen: Der konstruktive Aufbau folgt der von der NSU-Fox eingeleiteten modernen NSU-Linie: Ein formschöner, aus gepressten Schalenprofilen zusammengeschweißter Stahlblechbrückenrahmen und die bei den größeren Modellen bewährte Schwinghebelgabel für das Vorderrad. Die Innenbackenbremsen sind mit Steckachsen ausgebildet.

Der nach modernsten Gesichtspunkten entwickelte Quickly-Motor hat einen Hubraum von 49 ccm. Der Leichtmetallzylinder mit hartverchromter Lauffläche verfügt über einen abnehmbaren Leichtmetallzylinderkopf. Von der kräftigen Kurbelwelle, auf der die Mehrscheibenkupplung sitzt, wird das Zweigang-Zahngetriebe über geräuscharm laufende Stirnräder angetrieben. Die Gänge werden über eine Lenkerschaltung geschaltet, die sich nur bei gezogener Kupplung betätigen lässt und damit Bedienungsfehler ausschließt. Im Motorblock sind die Tretkurbeln auf

**Die NSU Quickly startet 1953 und wird zum erfolgreichsten Moped**

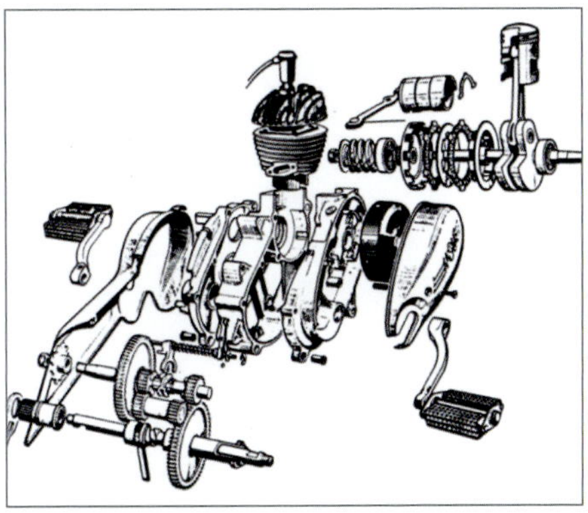

**Aufbau des Quickly-Motors. Stars machen Reklame für Quickly wie Gunther Philipp ...**

**... und die Schönheitsköniginnen von Opal**

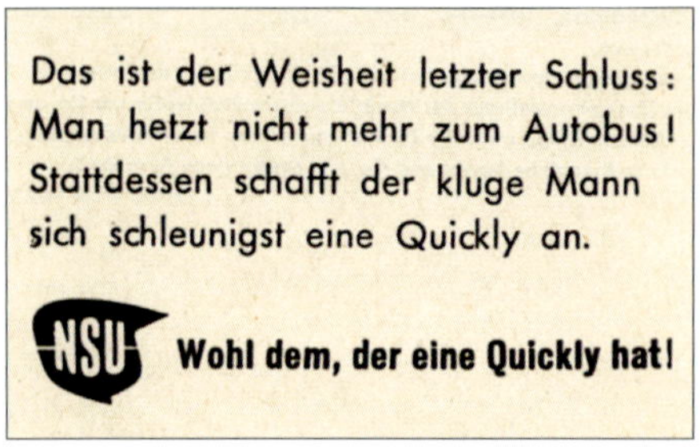

**Mit wirkungsvoller Schmutzschutzverkleidung: NSU Quickly-S**

einer besonderen Vorgelegewelle so angeordnet, dass der Motor im Stand angetreten werden kann, während beim Zurücktreten die Hinterradbremse über die einzige Kette betätigt wird.

Weil 1955/56 die Varianten „S“ und „L“ auf den Markt kommen, nennt sich die Normalausführung jetzt Quickly-N, die ab Ende 1957 auch mit drei Gängen lieferbar ist und inzwischen auf 600 000 verkaufte Exemplare verweisen kann. Das Dreiganggetriebe kostet 30 DM mehr. Aus der Getriebeabstufung ergibt sich bei einer Belastung von einem Fahrer mit 60 kg Gewicht eine Bergsteigetüchtigkeit von 22 Prozent im ersten Gang, 12,5 Prozent im zweiten und 6,5 Prozent im dritten.

Was macht den ungewöhnlichen Erfolg der Quickly aus, warum ist sie so überaus beliebt? Wegen der großen Motorraderfolge vor dem Zweiten Weltkrieg sind die NSU-Werke bei Beginn der Mopedproduktion längst populär, gelten als kompetent und solide. NSU ist die größte Motorradfabrik der Welt, stellt Motor und Fahrgestell selbst her und verfügt über ein dichtes Servicenetz mit über 7 000 Vertretungen allein in der Bundesrepublik Deutschland. Der Motor zeigt kaum Verschleißerscheinungen, läuft jahrelang ohne Reparaturen. Die finanzstarken NSU-Werke können sich eine wirksame Werbung und entsprechende Pressearbeit leisten. Prominente machen Reklame, lassen sich öffentlich auf der Quickly ablichten.

Die Anschaffung fällt leicht: Die Quickly kostet 1954/1955 komplett mit Gepäckträger und eingebautem Sicherheitsschloss 540 DM. Mit 145 DM Anzahlung kann man mit der Quickly ohne Führerschein, ohne Steuer und ohne Zulassung sofort losfahren.

Die Quickly-N wird bis 1962 ohne wesentliche Änderungen gebaut. Allerdings schwanken die Preise. Es beginnt 1953 bei 525 DM, 1954 steigt der Preis auf 540 DM und fällt 1956 konjunkturbedingt auf 465 DM ab. 1958 kostet die Quickly bereits wieder 514 DM, 1960 sind 548 DM fällig, und 1962 muss man 583 DM ausgeben, um von sich sagen zu können: „Wohl dem, der Quickly hat.“

**NSU-Quickly**

**DM 540.-**

**Es gibt nur wenige Fahrzeuge, die vom ersten Tag ihres Erscheinens an einen solchen Erfolg hatten wie die NSU-Quickly. Mit ihr nahmen die NSU-Werke den Kampf um den letzten Fußgänger auf. Hören Sie das Ergebnis: In einem einzigen Jahr wurden mehr als 120 000 Quicklys gebaut und verkauft, und noch immer herrscht eine geradezu stürmische Nachfrage nach diesem prächtigen Fahrzeug. NSU hat sich deshalb darauf vorbereitet, im Jahre 1955 noch mehr Quicklys zu fabrizieren, an die 1000 Stück an einem einzigen Tag.**

**Mit diesen Eigenschaften wurde die NSU-Quickly in kurzer Zeit Deutschlands erfolgreichstes Moped:**

● Die NSU-Quickly ist aus **einem** Guß — Motor und Fahrgestell stammen aus **einem** Werk, aus dem großen Werk von NSU.

● Der Quickly-Fahrer braucht nicht wie ein Radfahrer loszustrampeln, um den Motor anzuwerfen; der Quickly-Motor — das ist eine technische Besonderheit — läßt sich wie ein richtiger Motorradmotor im Stand antreten.

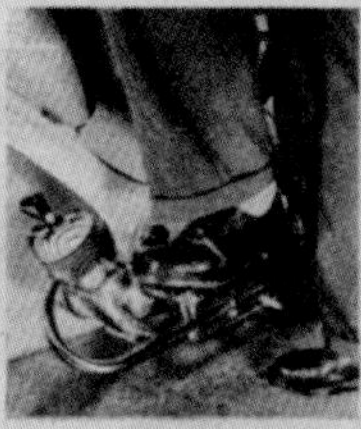

● Natürlich hat die Quickly den modernen, verwindungsfreien und formschönen Zentralpreßrahmen. Nur ein großes Werk kann sich die kostspielige Einrichtung leisten, die notwendig ist, um den Zentralpreßrahmen zu fabrizieren.

● Die Berge hinauf klettert die quicklebendige Quickly wie die Feuerwehr. 18% schafft der Quickly-Motor, ohne daß der Fahrer mittreten muß. (Der schwere St.-Gotthard-Paß hat nur 10% Steigung.) Selbstverständlich besitzt die Quickly ein Zweiganggetriebe, das unerläßlich ist, um schnell in der Ebene und stark am Berg zu sein.

● Für die Sicherheit des Fahrers sorgen zwei starke Motorrad-Innenbackenbremsen. NSU verwendet keine provisorischen Bremsen und auch keine Freilaufbremsnaben, sondern ausgewachsene Motorradbremsen.

● Die Kraftübertragung erfolgt bei der Quickly durch Zahnräder (vom Motor zum Getriebe) und durch eine Kette (vom Getriebe zum Hinterrad). Mit voller Absicht verwendet NSU eine Kette, denn eine Kette rutscht nicht. Und, was für Ihre Sicherheit ist, selbst bei einem Kettenbruch bleibt die hintere Bremse voll betriebsfähig. Darauf müssen Sie achten!

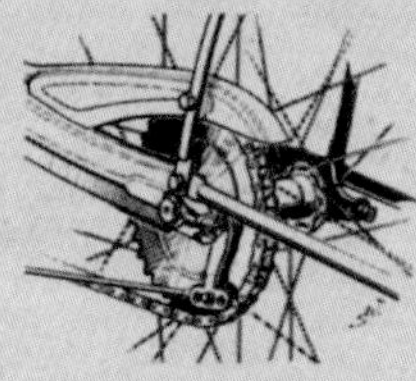

● Zu einem modernen Motorrad gehört die Beruhigte Luftfilterung, mi' der nicht nur die berühmten NSU-Motorräder ausgestattet sind, sondern sogar die kleine Quickly.

● Es läßt sich noch viel zur Quickly sagen: auch sie hat die moderne Vorderrad-Schwingachse; — sie ist mit Steckachsen ausgerüstet, deren Wert man kennenlernt, wenn man das Rad ausbauen muß —, sie ist führerscheinfrei, zulassungsfrei und steuerfrei.

● Allein in Deutschland gibt es 7000 NSU-Vertragshändler, die jederzeit bereit sind, den Quickly-Fahrer zu betreuen. Als NSU-Fahrer ist man niemals verlassen. Das sind eben die Vorteile, wenn man eine Maschine aus einem großen Werk fährt.

## *Das ist sehr interessant:*

**Motor:** NSU-Zweitaktmotor, Hubraum 49 ccm, elektrische Lichtanlage: Schwungradlichtmagnetzünder.

**Getriebe:** Kraftübertragung: Motor, Kupplung, Zahnräder, Zweiganggetriebe (Drehgriffschaltung), Kette, Hinterrad. Gesamtübersetzung im 1. Gang 1 : 30,06; im 2. Gang 1 : 15,99.

**Fahrgestell:** Zentralpreßrahmen, verwindungsfrei und stabil, moderne Linie; Vorderradfederung: Schwingachse, Motorrad-Schwingsattel; Steckachsen vorn und hinten.

**Abmessungen und Gewicht:** Radstand 1183 mm, Länge 1895 mm, Breite (Lenker) 642 mm, Höhe 960 mm (verstellbar), Sattelhöhe 780 mm (Sattel verstellbar), Bodenfreiheit 125 mm, Tankinhalt 3,05 Liter, Reserve 0,4 Liter, Bereifung 26×2,00", Gewicht 33 kg.

**Leistung und Verbrauch:** Leistung des Motors 1,4 PS, Normverbrauch 1,3 Liter/100 km, Bergsteigevermögen 18%.

Die Quickly ist im Preis sehr günstig; Gepäckträger, Sicherheitsschloß und Luftpumpe sind einbegriffen. Farbe: Lichtgrau/Taubengrau. Bequeme Zahlungsbedingungen, keine Wechsel.

**Aus: NSU Kundenzeitschrift „Unser Motorrad" (Februar 1955)**

## NSU Quickly-S

Keine gravierenden Neuerungen, nur einige Detailverbesserungen hat die Quickly-S zu bieten, die 1955 auf dem Markt kommt: Tachometer im Scheinwerfergehäuse, Seitenblenden am Vorder- und Hinterradschutzblech, verchromte Felgen, und die Lackierung ist zweifarbig grau/blau. Eine wirkungsvolle Schmutzverkleidung kann man jetzt zusätzlich bekommen, die jeder NSU-Händler auch bei der N-Type nachträglich montieren kann. Der kühlende Fahrtwind wird von den Beinen des Fahrers beziehungsweise der Fahrerin (die dies noch mehr schätzt) ferngehalten. Außerdem schützt die Verkleidung natürlich vor Straßendreck und kleinen Steinchen. Ein wichtiger Faktor, wenn man bedenkt, dass in den fünfziger Jahren die Straßen noch nicht so gut ausgebaut sind und die Mopedfahrer häufig mit Schotterwegen vorlieb nehmen müssen. Wie die Normalausführung, wird die S-Type bis 1962 gebaut.

**Prospektblatt für die NSU Quickly-S von 1955. Dieses Zweigangmoped ist zweifarbig lackiert und mit Chromfelgen ausgestattet. 1956 kostet es 545 DM**

**Fachsimpelei über NSU? Moped Quickly-S und das Motorrad NSU Supermax**

## NSU Quickly-L

„L“ heißt Luxus, und der wird bei der von 1956 bis 1961 produzierten Sonderausgabe der Quickly reichlich geboten. Zunächst die Neuerungen: Die Schwinggabel der Hinterradfederung verfügt jetzt über einen Federweg von 40 mm. Vorn und hinten ist die Quickly-L verkleidet, was nicht nur elegant aussieht, sondern auch praktischen Nutzen bringt: Das weit herabgezogene Vorderradschutzblech hindert den Reifen daran, sich als Dreckschleuder zu betätigen. Die Hinterradverkleidung ist eigentlich kein Schutzblech mehr, sondern eine fast das halbe Rad umfassende Karosserie, die sich nach oben in einen Gepäckträger verbreitert. Zum Putzen ist sie abnehmbar. Der neue Profil-Presslenker bietet eine Dreierlösung: Scheinwerfer, Lenker und Tacho sind in einer Einheit zusammengefasst. Auch die Klingel ist in den Lenker eingebaut. Bowdenzüge und Kabel sind „eingepackt“ und so vor Nässe und „Bubenfingern“ geschützt.

**NSU Quickly-L: 49 ccm Hubraum, 1,3 PS, 49 kg, 595 DM**

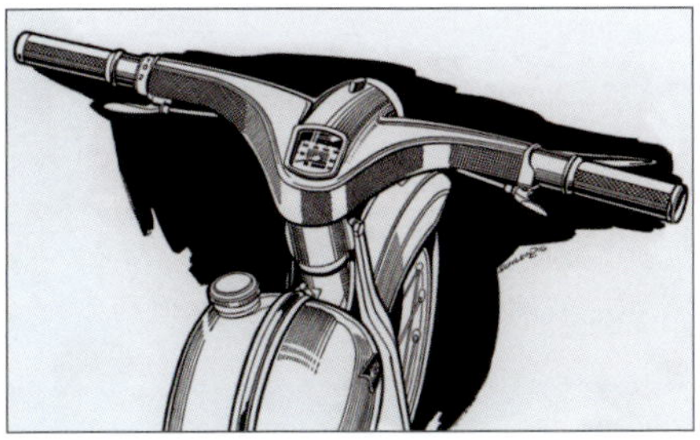

**Lenker der NSU Quickly-L**

Zum leichten Starten ist ein Dekompressionshebel vorhanden, und dass die Quickly wie ein richtiges Motorrad im Stand angetreten wird, ist bekannt. Außer der Seitenstütze ist bei der L-Type noch ein Mittelständer angebracht, der die Behebung einer Reifenpanne problemlos ermöglicht. Serienmäßig gibt es Weißwandreifen, und bei der Zweifarbenlackierung kann man zwischen lidoblau/perlgrau, korallenrot/walgrau und virginiabraun/isarsand wählen. Der Preis beträgt zunächst 595 DM und steigt 1958 auf 648 DM an, wobei für das Beinschild 45 DM und für den 3. Gang 30 DM zusätzlich zu zahlen sind. Für die Versicherung muss man übrigens 16 DM pro Jahr aufwenden.

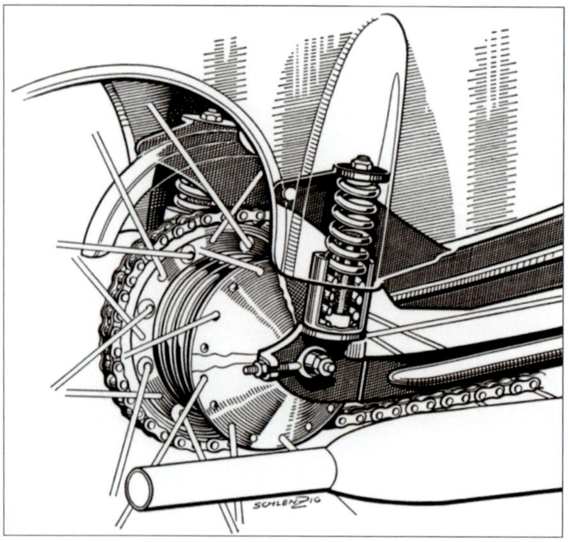

**Quickly mit Beinschutz, Hinterradfederung der Quickly-L, Quickly-Rahmen werden im Tauchverfahren lackiert**

**NSU Quickly-Cavallino aus der Sammlung von Bernd Rosenkranz. Dreigang-Getriebe, Teleskopgabel und Schwinge mit Federbeinen hinten, Gewicht 56 kg, Preis 734 DM**

## NSU Sport-Quickly Cavallino

Wegen großen Interesses an Sportmopeds entschließt sich auch NSU zur Produktion einer solchen Variante und präsentiert 1957 die Cavallino. Den Namen haben die Neckarsulmer aus dem Italienischen entliehen. Cavallino heißt dort Pferdchen, außerdem gibt es an der Adria einen kleinen Ort dieses Namens. Die neue Sport-Quickly unterscheidet sich von den übrigen Modellen vor allem durch ein neues Fahrwerk, das es gestattet, den 10,8-Liter-Tank hochzulegen, um Knieschluss zu erreichen. Die Abfederung des Vorderrades geschieht durch eine langhubige Teleskopgabel, und hinten fangen zwei stämmige Federbeine die Unebenheiten der Landstraßen oder Sportpisten ab. Die Sitzbank ist mit echtem Leder bezogen und die Farbe selbstverständlich in obligatorischem Sportrot gehalten.

Der unempfindliche Quickly-Motor mit Dreiganggetriebe wird auch bei der Cavallino mit der patentierten „beruhigten Luft“ gespeist und ist zu der erlaubten Höchstgeschwindigkeit von 40 km/h fähig. Die Cavallino wird bis 1960 gebaut und erreicht eine Stückzahl von 21 584. Insgesamt werden von den bisher beschriebenen Quickly-Modellen einschließlich der noch von 1962 bis 1963 gebauten N 23 knapp eine Million Stück gebaut: Quickly, das erfolgreichste Moped!

## NSU Quickly-T

Mit den T-Modellen beginnt bei NSU eine neue Mopedreihe. Während die vielen kleinen Hersteller wegen des allgemeinen Absatzrückgangs längst aufgeben mussten, setzt NSU mit den neuen Modellen neue Maßstäbe. Selbstverständlich hat man sich auch in Neckarsulm an Umsatzrückgänge gewöhnen müssen, und die Motorradproduktion ist zugunsten der Automobilherstellung bereits aufgegeben worden. Die Quicklys jedoch laufen nach wie vor, und mit den neuen, herrlich schnittigen T-Modellen kommt wieder Bewegung in die Branche. Aufwendig gestylt, dem Geschmack der späten fünfziger Jahre angepasst, bereichert diese Mopedgeneration das Straßenbild.

Die tolle Ausstattung schlägt sich natürlich im Anschaffungspreis nieder, und bei 800 bis 900 DM sind die T-Typen keine reinen Gebrauchsfahrzeuge mehr.

Sie werden von Söhnen, seltener von Töchtern, wohlhabender Eltern als Hobbyfahrzeug angeschafft oder von sportlich ambitionierten Fahrern bevorzugt, die kein Motorrad fahren möchten. Die Quickly-T erscheint Anfang 1959 und wird bis 1963 gebaut. Sie hat vorn und hinten Langarmschwingen, die zusammen mit den Federbeinen und vier hydraulischen Stoßdämpfern einen Fahrkomfort ergeben, wie man ihn bisher bei Mopeds nicht gekannt hat. Der Federweg beträgt vorn 82 mm und hinten 90 mm. Die Motorleistung ist auf 1,7 PS heraufgesetzt, so dass auch mit zwei Personen 40 km/h erreicht werden können. Der Motor hat sich nicht verändert, außer dass er mit Rücksicht auf die Karosserie mit einer Gebläsekühlung ausgestattet ist. Die Luft holt sich der Motor in einer Triebsatzschwinge, so dass er federnd mitschwingt. Die Quickly-T ist für Soziusbetrieb gebaut, und die Belastung von zwei Personen ist kein Problem.

**NSU Quickly-T mit Doppelsitzbank**

Foto: Manfred Nabinger

**In schnittigem Design erscheint 1959 die NSU Quickly-T. Dreiganggetriebe, 49 ccm Hubraum, 1,7 PS, Preis: 838 DM**

Die Quickly-T hat vorn und hinten Langarmschwingen die zusammen mit den Federbeinen und vier hydraulischen Stoßdämpfern einen Fahrkomfort ergeben, wie man ihn bisher bei Mopeds nicht kannte. Die Federung reagiert auf kleinste Unebenheiten. Der Federweg beträgt vorne 82 mm und hinten 90 mm. Der gute alte Quickly-Motor ist auch in der Quickly-T eingebaut. Wegen der Karosserie ist er mit einer Gebläsekühlung ausgestattet, die unabhängig vom Fahrtwind dafür sorgt, dass er stets ausreichend gekühlt ist

## NSU Quickly-TT und -TTK

Das TT-Modell wird ebenfalls von 1959 bis 1963 gebaut und der Typ TTK (Kickstarter) von 1959 bis 1961. Beide Modelle sind die sportliche Ausgabe der Quickly-T. Der Kraftstofftank befindet sich hier zwischen den Knien des Fahrers: wie bei einem Motorrad und wie schon bei der Cavallino. Der Lenker ist sportlich kurz gehalten, der Motor leistet ebenfalls 1,7 PS. Von den T-Modellen werden insgesamt 74 757 Stück gebaut, wobei etwa die Hälfte davon auf die TT-Typen entfällt.

NSU hat den Sporttyp Quickly-TT aus der Quickly-T, der „Traumquickly", entwickelt. Das Fahrgestell, der millionenfach bewährte Quickly-Motor und das Dreiganggetriebe sind Bauelemente der Quickly-T. Ein Sporttank für 11,8 Liter Kraftstoff, große Federwege, rasantes Anzugsvermögen, der echte Motorradrahmen und die Zweckbauweise, die alle Teile sofort zugänglich macht, sind die hervorstechenden Merkmale dieser Maschine.

Die NSU Quickly-TT startet 1959 und kostet 812 DM

## NSU Quickly-S 23, -S/2 23, -F

1961 vergrößert sich die Quickly-Familie noch einmal. Die Modelle S 23 und S/2 23 fallen vor allem durch ihr neues Erscheinungsbild auf. Von dem Styling der T-Modelle ist nicht viel übrig geblieben. Die Form ist wieder sachlicher und in der kompakten niedrigen Bauweise mit den dicken Reifen, dem großen hochgezogenen Tank und dem formschönen Scheinwerfer harmonisch geraten. Die Sitzbank ist einem gut gefederten, bequemen Sattel gewichen. Die Bremsen sind verstärkt. Der Zentralpressrahmen und auch der Motor sind unverändert geblieben. Die S/2 23-Version ist für zwei Personen ausgebildet und wird serienmäßig mit einer Doppelsitzbank geliefert. Das Dreiganggetriebe ist obligatorisch. Die S 23 und die S/2 23 werden von 1961 bis 1963 gebaut. Die zweifarbige Variante Typ F, die leicht abgerundete Formen aufweist, wird von 1962 bis 1963 produziert. Von dieser Modellreihe werden erstaunlich hohe Stückzahlen erreicht: insgesamt 50 757.

1963 ist bei NSU auch mit dem Mopedbau Schluss. Man konzentriert sich auf den Automobilsektor: Die „Prinzen" feiern wahre Triumphe, und der Ro 80 erregt 1967 mit seinen Wankelmotor großes Aufsehen.

**Die einsitzige NSU Quickly-S 23 ist mit dem 49 ccm Zweitaktmotor mit 1,7 PS ausgestattet. Sie hat ein Zweigang-Getriebe, Chromfelgen, Bereifung 23x2,25, Vollnabenbremsen und Steckachsen und steht mit 728 DM in der Preisliste. Gegen den Aufpreis von 40 DM kann die S 23 mit drei Gängen geliefert werden. Gleich mit Dreiganggetriebe geliefert wird die S/2 23, die mit einer Doppelsitzbank und Sozius-Fußrasten ausgerüstet ist und für 785 DM angeboten wird. 90 DM mehr kostet die Quickly-F, die zusätzlich mit Hinterrad-Federbeinen aufwarten kann**

# Panther

Die traditionsreichen Panther-Werke in Braunschweig werden bereits 1896 als „Braunschweiger Fahrradwerke“ gegründet. Die Bezeichnung Panther resultiert aus dem Zusammenschluss mit den Panther-Werken in Magdeburg, der 1905 erfolgt. Mofas baut Panther in den dreißiger Jahren, und nach dem Krieg kommen Motorräder und Mopeds hinzu. Das erste von Panther 1953 angebotene Moped ist mit dem Lutz-Motor ausgestattet. 1954 kommt die Bobby mit Zweigang-Sachs-Motor, Stahlrohrrahmen, Federgabel und 26er Reifen auf den Markt.

Panther Bobby von 1954 mit Zweigang-Sachsmotor

Titelseite eines dreiseitigen Panther-Prospekts von 1957

Unter „Bobby 2“ wird 1954 ein Eingang-Ilo-Moped angeboten. 1955 folgt die Bobby 3, die mit Schwinghebelgabel, tiefgezogenen Blechen mit Seitenblenden, 23er Bereifung und dem Zweigang-Sachs-Motor ausgestattet ist. Die Bobby 4 tritt ebenfalls 1955 mit dem Zweigang-Sachs-Motor und Hinterradfederung in Erscheinung, sie ist aber auch mit Ilo-Motor lieferbar. Die Bobby 5 von 1957 mit Sachs-Motor ist wahlweise mit Zwei- oder Dreiganggetriebe, Sitzkissen, Weißwandreifen und geschlossenem Kettenkasten zu haben. Die Bobby 6 ist 1957 in der Grundausstattung mit Schwingsattel und gegen Aufpreis von 22 DM mit Doppelsitzbank lieferbar. Zu Beginn der sechziger Jahre werden noch Zwei- und Dreigangmopeds mit den Bezeichnungen B 7, B 8, B 9 und B 10 angeboten.

Die Panther Bobby 4 von 1955 ist mit Zweigangmotoren von Sachs und Ilo lieferbar

Archiv Bernd Regenberg

**Inserat von 1956**

**Patria WKC mit 48 ccm Sachs-Motor**

# *Patria*

Zunächst heißt die Firma Weyersberg, Kirschbaum & Cie., daraus wird Patria W.K.C. Fahrzeugbau GmbH mit Sitz in Solingen. Die ersten Motorräder werden Mitte der zwanziger Jahre gebaut. Nach dem Krieg gibt es außer Fahrrädern bei Patria wieder Motorräder, deren Produktion bereits 1952 eingestellt wird. Mitte der fünfziger Jahre taucht der Name Patria WKC bei Mopeds auf, die von der Firma Stutenbäumer & Otten in Beckum angeboten werden.

Das „Moped von Format", wie es in einem Inserat heißt, ist mit 48 ccm Motoren von Ilo oder Sachs lieferbar und mit Zweigang-Getriebe, Teleskop-Federgabel und 23er Reifen ausgestattet. Motor und Kette sind weitgehend verkleidet, die breiten Schutzbleche tragen Seitenverkleidungen und Sportbügel. Das Patria-WKC ist in drei verschiedenen Lackierungen zu haben: Fischsilber-Zartblau, Fischsilber-Hellgrün und Schwarz.

Ausschließlich in schwarzer Lackierung wird das Patria-WKC Transport-Moped angeboten, dass vorne mit 20er Bereifung und einem kräftigen Gepäckträger ausgerüstet ist.

# *Patzner*

Die Patzner-Werke in Bad Mergentheim bringen 1954 ein Moped mit eigenem Eingangmotor heraus, der eine automatische Freilaufkupplung besitzt. Das „Filou" getaufte Moped wird Ende 1954 von der LK 23 abgelöst, die auch über das Einganggetriebe mit liegendem Zylinder verfügt. Der sehr tief gezogene Zentralrohr-Pressstahlrahmen wird ergänzt durch eine Teleskopgabel und eine freitragende Hinterradaufhängung, wobei keine Verbindung zwischen Hinterrad und Sitzrohr besteht.

1956 sind außer der LK 23 noch drei weitere Patzner-Mopeds auf dem Markt, die in den wesentlichen Merkmalen übereinstimmen. Aber sie fallen durch die sogenannte Motor-Ringverkleidung mit Turbogebläse auf. Der Motor verfügt jetzt über ein Zweiganggetriebe und wird von Patzner auch als Einbaumotor geliefert. Die Hinterradfederung ist durch eine Teleskopschwinge verbessert. Die 23er Räder sind mit Leichtmetallfelgen und Vollnaben-Trommelbremsen ausgestattet. Die Tourist hat einen Satteltank, einen Schwingsattel und einen Transportgriff in der Rahmenbeuge. Die Sport verfügt über einen Büffeltank und eine lange Sitzbank. Die Cortina ist mit einer kurzen Sitzbank, einem vollverkleideten Rahmen und geschlossenem Kettenkasten ausgestattet.

**Patzner Filou mit eigenem Eingang-Motor**

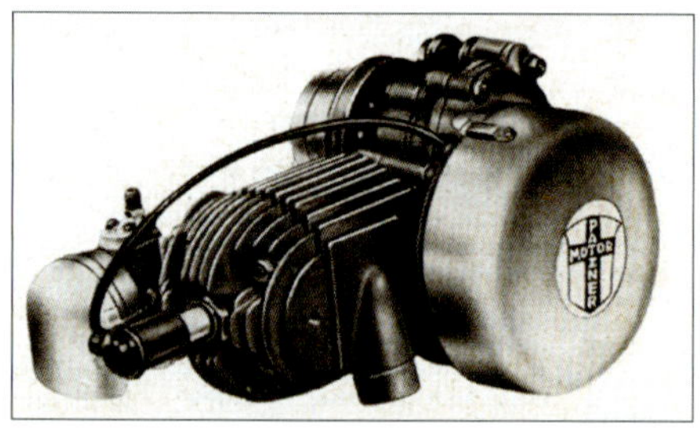

**Patzner 1,5 PS Moped-Motor von 1955**

**Patzner Tourist mit Teleskopgabel und Hinterradschwinge mit Federbeinen**

Archiv Bernd Regenberg

Archiv Bernd Regenberg

Die Monatszeitschrift „Das Moped und der Kleinroller" veröffentlichte im Juli 1955 einen Test des Patzner-Mopeds LK 23 (oben links). In derselben Zeitschrift fand sich auch das Inserat (oben). Die 37 kg leichte LK 23 wird von dem eigenen 50 ccm Motor mit 1,5 PS angetrieben und kostet 495 DM

Archiv Bernd Regenberg

Die Zweigangmaschine Patzner Sport (oben) erscheint 1956 mit dem 50 ccm Patzner-Motor, wiegt 45,5 kg und steht mit 660 DM in der Preisliste. Die Patzner Cortina (rechts) ist ebenfalls 1956 am Start und auch mit dem eigenen Motor und mit Schwinggabel und Hinterradschwinge ausgerüstet. Sie bringt nur 37 kg auf die Waage. Der Preis: 595 DM

# Rabeneick

In Brackwede bei Bielefeld wird 1933 die August Rabeneick GmbH gegründet, die zunächst Polier- und Schleifmaschinen produziert. Schon bald stellt man die Produktion auf Fahrradteile um, woraus kurze Zeit später komplette Fahrräder werden. Noch in den dreißiger Jahren baut Rabeneick Fahrräder mit 98 ccm Hilfsmotor. Die Nachkriegsproduktion beginnt 1949 mit 98 ccm Mofas und Motorrädern mit 98 und 123 ccm.

Rabeneick Taxi. Die Standard-Ausführung mit Starrgabel kostet 425 DM, die Luxusausführung mit Federgabel mit Gummibändern und Schwinggabel 465 DM

## Rabeneick Taxi

Als Moped-Vorläufer bringt Rabeneick Anfang der fünfziger Jahre ein Fahrrad mit Hilfsmotor auf den Markt, das sich „Taxi" nennt und als „Cyclemaster" in 150.000 Exemplaren über die ganze Welt verbreitet wird. Der Erfolg dieses Kleinst-Kfz, das als Damen- und Herrenausführung geliefert wird, hat vorwiegend wirtschaftliche Gründe: Geringe Anschaffungskosten, äußerst sparsamer Verbrauch und so gut wie keine Folgekosten. Der Einzylinder-Zweitaktmotor mit 32 ccm ist als Nabenmotor ausgebildet und samt Tank im Hinterrad untergebracht. Es handelt sich um einen Drosselmotor mit sehr flachem Drehmomentverlauf. Der Gaseinlass wird durch einen Flachdrehschieber gesteuert. Der Vergaser ist schwimmerlos. Die Kraftübertragung erfolgt von der Kurbelwelle über eine kurze Kette auf die Vorgelegewelle mit der Einscheiben-Korklamellen-Kupplung und von hier über eine zweite Kette auf den Hinterradzahnkranz. Der Rohrrahmen ist mit der Rabeneick-Federgabel, einer zuverlässigen Schwinghebelgabel mit Gummibandfederung und 40 mm Federweg, ausgerüstet.

**Eines der günstigsten Mopeds überhaupt: Die Rabeneick M-53 kostet bei ihrem Erscheinen im Jahr 1953 nur 398 DM. Sie ist mit dem 32 ccm Rabeneick-Motor ausgerüstet, der sich bereits in dem Moped-Vorläufer „Taxi" bewährt hatte**

## Rabeneick M-53

Das „Taxi" wird 1953 durch eine Palette von drei Mopeds abgelöst, die zwar fast gleichzeitig erscheinen, aber dennoch verschiedene Merkmale aufweisen und besonders beim Preis differieren. Das Moped M-53 kostet bei Erscheinen nur 398 DM. Als Motor wird der bewährte 32-ccm-Einzylinder-Zweitaktmotor der Taxi übernommen, der knapp 1 PS leistet.

Weitere Daten: Dreifach gelagerte Kurbelwelle, Einscheiben-Korklamellenkupplung, Bosch-Zündanlage, Meco-Vergaser mit Luftfilter, Kraftübertragung durch Gummikeilriemen, Gesamtübersetzung 1:18,9. Der gemuffte Rahmen ist aus nahtlosem Stahlrohr. Das obere Rohr dient gleichzeitig als Tragegriff. Die Rabeneick-Federgabel und die Trommelbremsnabe mit Steckachse kann man auf Wunsch für 30 DM Aufpreis erhalten. Die Räder sind 26 Zoll groß, der Tank fasst drei Liter, der Lenker ist mit Kupplungshebel und Drehgasbetätigung ausgestattet. Zur serienmäßigen Ausstattung gehören: Luftpumpe, Werkzeugtrommel mit Inhalt, Gepäckträger, elektrisches Rücklicht und die Signalglocke. Die Beleuchtung ist im Lieferumfang nicht enthalten. Die Lackierung ist einheitlich kachelgrün, das Gewicht beträgt ohne Federgabel 30 kg, mit Federgabel 32 kg. Die M-53 erreicht eine Reisegeschwindigkeit von 30 km/h bei einem Verbrauch von 1,2 Liter.

## Rabeneick Ilo, Rabeneick Sachs

Diese beiden Mopeds erscheinen ebenfalls im Moped-Geburtsjahr 1953. Das Ilo-Moped verfügt über einen Ilo-Zweitaktmotor mit eingebautem Tretlager, der mit seinen 1,5 PS eine Reisegeschwindigkeit von 38 km/h erreicht. Der freitragende Tankrahmen verfügt über einen breit gelagerten Hinterbau. Die Rabeneick-Schwinggabel mit Trommelbremsnabe und Steckachsenbefestigung ist bei dem Ilo-Moped im Preis von 545 DM enthalten. Der Tank fasst 2,8 Liter, der Verbrauch liegt bei 1,4 Liter, das Gewicht beträgt 32,6 kg.

Dem Sachs-Moped ist der 1,25 PS Sachs-Motor eingebaut, der 35 km/h Reisegeschwindigkeit erreicht. Das Zweiganggetriebe mit Zwangskupplung ist vom Lenker aus zu schalten. Gesamtübersetzung im 1. Gang 1:27,8, im 2. Gang 1:17. Bei dem Sachs-Moped, das 33 kg auf die Waage bringt, kann ein 5-Liter-Satteltank nachgeliefert werden, der eine Fahrstrecke von 600 km ermöglicht. Der Preis: 575 DM.

## Rabeneick Binetta

1955 wird die 53er-Modellpalette von einem Moped mit richtigem Namen abgelöst: die Binetta-Zeit beginnt. Das erste Modell mit dem neuen Namen ist wahlweise mit einem 47-ccm-Sachsmotor oder mit einem 49-ccm-Ilomotor erhältlich. Bei den ersten Maschinen findet sich noch die interessante Vorderradschwinge mit Gummibandfederung der Taxi. Hinterradfederung gibt es auf Wunsch. 1956 gesellt sich die Binetta-Sport zu den beiden Grundmodellen. Sie wird mit einem schmaleren Lenker und neuem Sattel in den Handel gebracht. Die Sport wird nur mit Sachs-Motor mit Kickstarter geliefert und ist in drei verschiedenen Zweifarben-Ausführungen zu haben: mittelblau-hellgrau, pelikanrot-hellgrau und dunkelgrün-hellgrau. Der Preis: 635 DM.

## Binetta III, Binetta III Sport

1957 kommt eine völlig neue Binetta auf den Markt. Die Binetta III ist mit dem 47-ccm-Sachsmotor ausgerüstet und besticht durch eine harmonische Form. Der neue

Das Rabeneick Ilo-Moped ist das einzige mit Ilo-Motor. Danach werden nur noch Sachs-Motoren eingebaut. Mitte der sechziger Jahre wird Rabeneick von Sachs übernommen

Das Rabeneick Sachs-Moped (oben) wird von dem Sachs 50 Motor angetrieben, der 1953 auf den Markt kommt

Der Durchbruch im Mopedgeschäft gelingt Rabeneick mit der formschönen Binetta, die im zulassungsstarken Jahr 1955 erscheint. Sie wird zum Preis von 598 DM angeboten. Mit Hinterradfederung, Vollnaben und Tachometer kostet die Binetta allerdings 620 DM

**Was kostet die Welt? Typisch für die fünfziger Jahre: Zelt, Kochgeschirr und Binetta**

Pressblechrahmen mit kurzer Schwinggabel vorn und Schwinge mit Federbeinen hinten ist noch durchstiegsfrei, hat aber viel Verkleidung aufzuweisen. Die vorderen Schutzbleche sind weit heruntergezogen, und das Hinterrad ist im oberen Bereich mit tiefen Schutzblechen versehen. Unter der modernen Sitzbank versteckt sich ein kleiner Gepäckraum für Decke, Fahrerumhang und dergleichen. Das Sportmodell wird für 40 DM Aufpreis mit Dreiganggetriebe geliefert. Weißwandreifen sind im Preis von 736 DM enthalten. Beide Binetta-Varianten werden bis 1958 gebaut.

## Binetta Star, Binetta Superstar

1960 erscheint die Binetta-Star, eine verstärkte Ausführung der Binetta III mit Doppelsitzbank, Langschwingen vorn und Federbeinen hinten. Der 47-ccm-Sachsmotor leistet jetzt 1,6 PS, drei Gänge sind obligatorisch, der Tank fasst 7 Liter. Die Superstar mit ihrem Einzylinder-Zweitaktmotor bringt 2 PS und ist wahlweise mit einem 3,2 PS Motor zu haben, der eine Spitzengeschwindigkeit von 65 km/h bewirkt. Der großvolumige Tank, der einen freien Durchstieg verhindert, fasst 9 Liter. Auch der Preis ist super: 920 DM.

**Die „Stars" kommen Anfang der sechziger Jahre auf den Markt: Binetta Star (oben) und Binetta Superstar (unten). Die Superstar ist mit dem 3,2 PS Motor 65 km/h schnell und mit Sachs-Vollnaben Bremsen (115 mm) ausgestattet**

**Eine rundum gelungene Konstruktion: Zweigangmoped Rabeneick Binetta III Sport (oben und unten)**

## Rabeneick Lastboy

Zur Binetta und zur Binetta III werden Transportversionen angeboten, bei denen vorne ein stabiler Rohrgepäckträger angebracht ist, dem man mittels Klemmschrauben einen verzinkten Korb aufsetzen kann. Der Witz dabei: Innerhalb von drei bis vier Minuten lässt sich der Gepäckträger abmontieren, der Scheinwerfer wird von der Vordergabel weggenommen, unter den Lenker gesteckt, und fertig ist ein ganz normales Moped. Der Lastboy ist ein äußerst billiges, raumsparendes Transportmittel und findet bei Lebensmittelhändlern, Fleischern, Bäckern, Wäschereien, Druckereien und so weiter Anklang. Auch die Deutsche Bundespost ist Abnehmer. Der verwindungsfreie Stahlpressrahmen ist mit einer Spezialfedergabel mit Schraubenfederung und Stoßdämpfung vorn und mit Langschwinge mit gedämpften Transportreifen hinten versehen. Die Ladefläche des vorderen Gepäckträgers beträgt 54 x 34 cm, des hinteren 33 x 21 cm. Der verzinkte Drahtkorb hat die Maße 58 x 48 und ist 28 cm hoch. Der Lastboy wiegt 64 kg inklusive Gepäckträger und Korb. Der Verbrauch beträgt 1,8 Liter, was einem Kilometerpreis von 1,5 Pfennig entspricht.

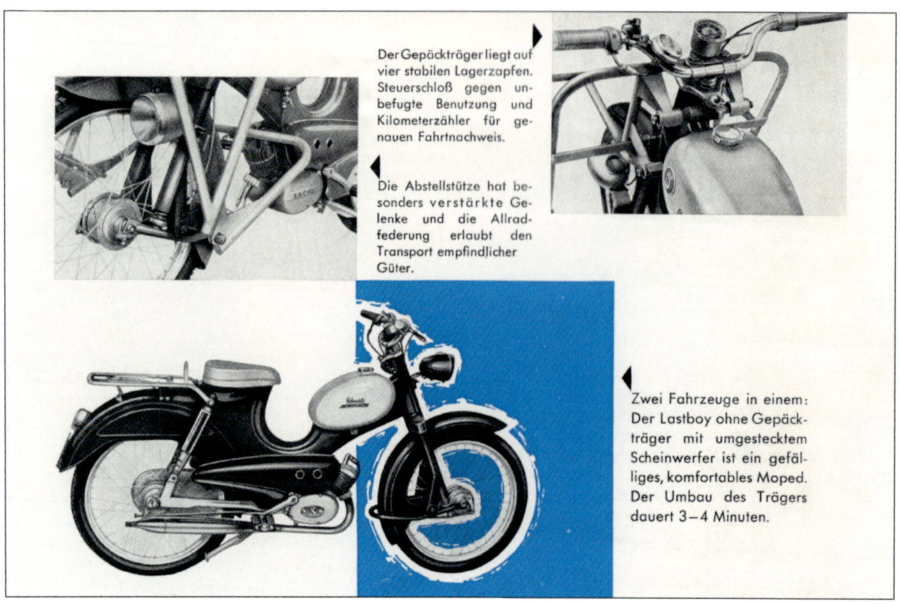

# Rauscher

Die Ludwigshafener Modellbaufirma Rauscher ist bereits seit Jahrzehnten als Produzent für Modelle verschiedenster Industrieprodukte bekannt, als sie 1953 ihr erstes Moped Ramo auf der IFMA präsentiert. Eine erstaunlich fortschrittliche Konstruktion kann von den Besuchern besichtigt werden, die über einen glattflächigen Leichtmetalltankrahmen aus einem Guss, einer neuartigen Hinterrad-Schwingnabe und eine Vorderrad-Schwinghebelgabel verfügt. Die Hinterradgabel ist als Kettenschutz ausgebildet, und für die Bremsung sind Innenbackenbremsen vorn und hinten verantwortlich. Für den Antrieb sorgt der Zweigangmotor Sachs 50.

**Rauscher auf der IFMA 1956 mit der Raumo III in Luxusausführung**

**Rauscher Moped „Raumo I" von 1954 mit Sachs 50 Zweigangmotor**

1954 muss Rauscher sein Moped auf „Raumo" umtaufen, weil Ramo bereits von einer anderen Firma als Markenbezeichnung belegt war. Die Raumo II von 1955 wird wahlweise mit Motoren von Ilo, Sachs und Zündapp angeboten und ist hinten mit Teleskopfederung ausgestattet. Ein Jahr später kommt die Raumo III in Standard- und Luxusversion auf den Markt. Neu ist die Teleskopgabel vorn. Die Luxusausführung besticht durch Weißwandreifen, eingebauten Tacho, Rückspiegel, Zylinderschloss und verchromten Tank.

Rauscher, der 1956 durch die Erfindung von Styropor durch BASF neue Aufgaben im Bereich des Formenbaus für Styroporverarbeitung erhält, stellt 1957 die Mopedproduktion ein. Nach Rauschers Tod 1968 wird das Unternehmen von seiner Frau weitergeführt.

# Rex

In München sind die Rex-Motorenwerke ansässig, die als Pioniere richtungsweisend an der Mopedherstellung und dem Motorenbau beteiligt sind. Bereits 1948 entsteht der erste Fahrrad-Hilfsmotor mit 31 ccm Hubraum. Wenig später erscheint eine 34 ccm Version. Diese Motoren werden schon in großer Stückzahl gefertigt, und in einem Inserat von 1950 wird auf 30 000 verkaufte Rex-Fahrradmotoren verwiesen. Der Motor, der über dem Vorderrad in jedes normale Fahrrad eingebaut werden kann und das Vorderrad mit einem Keilriemen antreibt, fördert den Moped-Gedanken in Deutschland durch seine enorme Zuverlässigkeit. Schritt für Schritt wird der Motor weiterentwickelt und wächst zunächst auf 40 ccm, später auf 49 ccm, um die gesetzliche Grenze so weit wie möglich auszunutzen. Der Leichtmetall-Zylinderkopf ist abnehmbar. Der Tank, am Lenkerschaft befestigt, fasst etwa 2 Liter, ausreichend für eine Fahrt von 120 km. Mit den 0,75 PS bei 3500 U/min erreicht der Rex-Motor eine Dauergeschwindigkeit von 20 bis 25 km/h. Das Einganggetriebe wird in der Werbung als Vorteil herausgestellt: „Kein lästiges Schalten!"

**Der Rex 40 ccm Fahrradmotor FM 40 kann an jedes normale Fahrrad angebaut werden**

**Rex 49 ccm Rahmeneinbaumotor FM 50 L1 zur Montage im Rahmen eines Herrenrads**

REX
immer voran!
REX MOPED-STANDARD
(Volks-Moped) 49 ccm
Wenn ein Moped diesen Namen verdient, dann ist es dieses. Es ist einfach im Aufbau gehalten und daher leicht zu fahren. Bei hoher Leistung — ein ungewöhnlich niedriger Preis — der vielen die Anschaffung erleichtert, m. Lichtmagnet DM 398.-
Teilzahlung: Bei DM 98.— Anzahlung 6 Monatsraten zu DM 55.— oder bei DM 68.— Anzahlung 12 Monatsraten zu DM 32.—.
REX MOPED-LUXUS 49ccm
Das elegante Moped ist für den anspruchsvollen Käufer bestimmt. Es hat, wie unser Volks-Moped, den schon über 200 000fach bewährten, führerscheinfreien REX-Motor FM 50 L, ist aber weiter ausgerüstet mit Federgabel, Schwingsattel, Lamellenkupplung, Lichtmagnet, Scheinwerfer (der den Einbau eines Tachometers ermöglicht), ferner mit Trommelbremse und Werkzeugtasche. Die geschmackvolle Emaillierung wird in den Farben rot, grün, sandfarben oder schwarz ausgeführt.
Preis ohne Schloß und ohne Ständer mit Keilriemen- oder Kettenantrieb DM 498.-
Teilzahlung: Bei DM 110.— Anzahlung 6 Monatsraten zu DM 70.— oder bei DM 90.— Anzahlung 12 Monatsraten zu DM 39.50
REX Hängemotor
und Rahmeneinbaumotor
Der Hängemotor FM 40 (40 ccm) Standardausführung ohne Kupplung und ohne Lichtmagnet, kann nachträglich an jedes normale Fahrrad angebaut werden. Antrieb durch einen endlosen Keilriemen. Die Anbringung am Lenkerschaft ist besonders für Damenfahrräder geeignet.
DM 228.-→
Teilzahlung: Bei DM 38.— Anzahlung 6 Monatsraten zu DM 35.— oder bei DM 25.— Anzahlung 8 Monatsraten zu DM 28.75. Export-Ausführung (ohne Kupplung mit Lichtmagnet) DM 238.—, REX-Leerlaufkupplung DM 19.50. Falls die Exportausführung auf Teilzahlung gewünscht wird, ist der Mehrpreis von DM 10.— sofort mit der Anzahlung zu begleichen.
Für Herrenfahrräder empfehlen wir zum nachträglichen Einbau im Rahmendreieck unseren ebenfalls führerscheinfreien neuen 49 ccm Rahmeneinbaumotor mit Keilriemen- oder Kettenantrieb. Preis ohne Lamellenkupplung, aber mit Lichtmagnet
DM 265.-↓
Teilzahlung: Bei DM 48.— Anzahlung 6 Monatsraten zu DM 40.— oder bei DM 58.— Anzahlung 10 Monatsraten zu DM 24.—. Preis mit Kupplung und Lichtmagnet DM 285.—.
Teilzahlung: Bei DM 68.— Anzahlung 6 Monatsraten zu DM 40.— oder bei DM 60.— Anzahlung 10 Monatsraten zu DM 26.—.
Alle vorgenannten Preise verstehen sich ab Werk München über den jeweiligen Generalvertreter, o. Verpackung. Für Verpackung berechnen wir einheitlich DM 2.50; für den Typschein DM —.50. Konstruktions-, Ausstattungs- und Preisänderung vorbehalten!
REX
REX-Motoren-Werk
E. u. K. Bagusat München 25

Ja, nur 1 DM und 20 Pfennig kosten 1,5 Liter Kraftstoff. Damit fährt das EKB-Fahrrad mit REX-Motor ca. 100 km weit. So wirtschaftlich ist unser motorisiertes Rad. Mit ihm gewinnt man Zeit und hat nicht Gegenwind und Steigungen zu fürchten. Bald amortisiert sich der Kauf durch erspartes Fahrgeld. Sie brauchen keine Zulassung, keinen Führerschein und keine Steuerkarte. So macht das Fahren wirklich Freude!

**Das EKB-Fahrrad mit Rex-Motor**

**ist daher das ideale Fahrzeug für Jedermann.**

Im Sturm hat es sich die Gunst der Radfahrer erobert und täglich wächst die Zahl seiner Freunde. Elegant und bestechend in der Form, flitzt es, vom Fahrer leicht zu bedienen, über die Straßen. Gute Kursstabilität und angenehme Kurvengängigkeit geben ein Gefühl der Sicherheit. Der unverwüstliche, schon über **100.000** fach bewährte REX-Motor zeigt eine erstaunlich gute Leistung.

Konstruktiv vollendet steht unser Erzeugnis im richtigen Einklang mit seinem Verwendungszweck:

**- ein führerscheinfreies - ein steuerfreies - ein zulassungsfreies - Fahrrad mit Hilfs-Motor zu sein.**

Bewußt ist daher der Motor nicht auf hohe Beschleunigungswerte getrimmt, sondern auf lange, zuverlässige Dauerleistung. Mit Absicht sind auch alle fahrradmäßigen Eigenschaften des Rahmens erhalten geblieben, um den gesetzlichen Bauvorschriften für ein führerscheinfreies MOPED zu genügen. In rauher Fahrpraxis hat sich der verwindungsfreie robuste SPEZIALRAHMEN mit seiner stabilen Vermuffung als schlagfest bewährt. Das tragende Hauptrohr ist vom Steuerkopf bis zur Sattelstütze aus einem Stück durchgezogen. Durch Ausfall-Enden kann leichte Demontage der Räder erfolgen. Der formenschöne Rahmen wird auf Wunsch in metallblauer oder in schwarzer Ausführung geliefert.

Eine Vorderradtrommelbremse und eine Torpedofreilaufnabe gewährleisten einwandfreie Bremsfunktion. Der REX-ZWEITAKTMOTOR FM 50 L — HUBRAUM 49 ccm — ist eine verstärkte Nachfolgetype der schon über 100.000-fach bewährten FM 34 und FM 40. Seine Eigenschaften: gute Leistung, Zuverlässigkeit und lange Lebensdauer sind bekannt. Mühelos schafft er Steigungen bis 10 % ohne Tretthilfe, ausdauernd treibt er das Rad gegen Wind und Wetter und bleibt unempfindlich gegen Hitze und Kälte. Die Startautomatik am Vergaser gibt hohe Startwilligkeit zu jeder Jahreszeit. Der neuartige REX-Schalldämpfer vermindert die Geräusche des Zweitakters erheblich. Die Bedienung des Motors ist einfach; jeder Käufer kann das Rad nach kurzer Erklärung sofort fahren und die altbewährte REX-Leerlaufkupplung bequem handhaben. Die günstige Anbringung des Motors im Rahmendreieck gibt eine gute Schwerpunktlage. Die KRAFTÜBERTRAGUNG erfolgt durch einen endlosen Gummikeilriemen, der einen stoßfreien Antrieb gewährleistet, den Motor, Rahmen und Bereifung schont. Nicht ohne Grund bevorzugt man heute bei allen modernen Antriebsaggregaten ebenfalls endlose Keilriemen.

Der TANK, schrägliegend am Rahmen befestigt, ordnet sich harmonisch in das Ganze ein. Er faßt etwa 2,8 ltr. Kraftstoff, ausreichend für ca. 200 km Fahrt. Die in den Spezial-UMLAUFMAGNET eingebaute ZÜND-LICHTSPULE versorgt den Scheinwerfer und Rückstrahler mit Licht.

| | |
|---|---|
| Motor | Zweitakt-Einzyl. m. Flachk. |
| Hub / Bohrung | 38,25/40,5 |
| Hubraum | 49 ccm |
| Verdichtungsverhältnis | 1 : 5,6 |
| Vorzündung | 3-3,2 mm |
| Zylinder | Leichtmetall-Zylinder mit Perlit-Gußbüchse |
| Zylinderkopf | Leichtmetall, abnehmbar |
| Spülung | Syst.-Schnürle-Umkehrspül. |
| Zündung | Spezial-Umlaufmagnet und Zündkerze W 95T1 |
| Vergaser | Schwimmervergaser |
| Untersetzung | im Motor 1 : 4 |
| Gesamtuntersetzung | 1 : 20 |
| Kraftübertragung | durch endlosen Gummigewebe-Keilriemen 13 mm |
| Steigungsvermögen | etwa 10 % ohne Mittreten |
| Benzintank | schrägliegend im Rahmen |
| Kraftstoff | Öl-Benzin-Gemisch 1:25 |
| Tankinhalt | etwa 2,8 Liter, ausreichend für ca. 200 km Fahrt |
| Kraftstoffverbrauch | etwa 1,5 Lt pro 100 km |

Abmessungen: Radstand 1190 mm, Länge ü. alles 1885 mm, Breite ü. alles 680 mm, niedrigste Sattelhöhe 785 mm, Gewicht trocken o. Zubehör 27 kg

Konstruktions- u. Ausstattungsänderungen vorbehalten

**Unverbindliche Vorführung bei:**

R. Nerger
Fahrräder - - Motorräder
Beckedorf, Ruf 2857

**Prospektblatt von 1953**

## Rex Standard

Auf der 1. IFMA in Frankfurt 1951 wird von Rex ein Fahrrad mit Hilfsmotor vorgestellt, das dem eigentlichen Moped bereits sehr ähnelt. Dieses 40-ccm-Gefährt wird 1952 unter der Bezeichnung EKB-Fahrrad mit Hilfsmotor angeboten. Das Fahrrad wird im Auftrag von Rex bei einer Fahrradfabrik hergestellt, und Rex baut den Motor nachträglich nicht am Vorderrad, sondern über dem Tretlager ein. 1953 wird das Fahrrad mit dem 49 ccm Rex-Motor ausgestattet und erhält die Bezeichnung Moped-Standard, wird in Prospekten aber auch Volksmoped genannt. Intern läuft es unter FM-50-Moped. Der Benzintank des 27 kg wiegenden Fahrzeugs ist schrägliegend im Rahmen eingebaut. Der ungewöhnlich günstige Preis von 398 DM wird auch noch 1955 gehalten, als das Volksmoped bereits mit einem Satteltank ausgestattet ist.

REX

REX-MOPED STANDARD

*Volks-Moped*

FM 50 L 1

Spülung: System-Schnürle-Umkehrspülung, Zündung: Spezial-Umlaufmagnet und Zündkerze W 175 T 1, Vergaser: Schwimmervergaser, Untersetzung i. Motor 1:4, Gesamtuntersetz.: 1:17,4, Kraftübertragung durch endl. Keilriemen 13 mm, Steigungsvermögen etwa 10 % ohne Mittreten, Benzintank schrägliegend im Rahmen, Kraftstoff: Öl-Benzin-Gemisch 1:25, Tankinhalt etwa 2,8 Liter, ausreichend für ca. 200 km Fahrt, Kraftstoffnormverbrauch etwa 1,4 Liter pro 100 km.

Abmessungen: Radstand 1190 mm, Länge über alles 1885 mm, Breite über alles 680 mm, niedrigste Sattelhöhe 785 mm. Klotzbremse. Gewicht 27 kg. Emaillierung schwarz oder blau.

Konstruktions- und Ausstattungsänderungen vorbehalten.

**Technische Daten für REX-Moped Standard.** Motor: Zweitakt-Einzyl. m. Flachk., Hub/Bohrung: 38,25/40,5 Hubraum: 49 ccm, Verdichtungsverh.: 1:6, Vorzündung: 3-3,2 mm, Zylinder: Leichtmetall-Zylinder mit Perlit-Gußbüchse, Zylinderkopf: Leichtmetall, abnehmbar.

Hier kann man wirklich von einem Volksmoped sprechen. Der ungewöhnlich niedrige Preis von DM 398.— ermöglicht jedermann die Anschaffung. Dennoch erfüllt das Standard-Moped alle Anforderungen, die man an ein Fahrzeug seiner Klasse stellen kann. Vor allem: es ist sehr leicht zu bedienen. Natürlich ist es auch steuer-, zulassungs- und führerscheinfrei wie alle unsere anderen Typen.

**Innenseite eines Prospekts von 1953, in dem es in der Einleitung heißt: „Schon 1947 erkannten wir die verkehrsgeschichtliche Chance eines technisch ausgereiften Fahrradmotors; frühzeitig sahen wir auch die Entwicklung des Mopeds voraus ...“**

**Prospektblatt von 1953**

**Rex XX Zweigang von 1956 mit 2,1 PS Motor**

**Rex Zweigang von 1955 mit Ovalrohrrahmen**

## Rex Luxus

Noch 1953 wird bei Rex eine anspruchsvollere Mopedversion angeboten, die sich äußerlich besonders durch den veränderten Tank von der Standard-Ausführung unterscheidet. Sie wird von dem Rex-Motor FM 50 L (mit Lamellenkupplung) angetrieben, einem Motor mit einfachem Zahnradvorgelege in vom Kurbelgehäuse getrenntem Gehäuse. Die Unterschiede zwischen den bisherigen Rex-Motortypen erstrecken sich lediglich auf Zylinderinhalt, Leistung, Zündanlage und Verwendungszweck, aber nicht auf den grundsätzlichen Aufbau des Motors. Hier bestehen nur insofern Unterschiede, als die Rex-Fahrradmotoren keine Kupplung besitzen, aber nachträglich mit einer Klemmkupplung ausgerüstet werden können. Das Luxus-Moped von 1953 ist weiter ausgestattet mit Federgabel, Schwingsattel, Trommelbremse, Werkzeugtasche und einem Scheinwerfer, der den Einbau eines Tachos ermöglicht. Die Emaillierung wird in Rot, Grün, Sandfarben oder Schwarz ausgeführt.

## Rex Zweigang

Ein motorradähnlich gestaltetes Moped mit Ovalrohrrahmen und neuem Motor gesellt sich Anfang 1955 zur Standard- und Luxus-Ausführung. Der neue Rex-Zweigangmotor läuft unter der Bezeichnung FM 504. Er besitzt auf der Kurbelwelle eine von der Bauart des Eingangmotors abweichende Mehrscheibenkupplung, über die er mit Zahnrädern auf die Vorgelegewelle und von dort auf die Getrieberäder für die beiden Gänge arbeitet. Die im Getriebegehäuse eingebaute Tretkurbelwelle enthält in ihrem Antriebszahnrad einen Freilauf mit Bremsfeder. Ein Bremshebel mit Sperrklinge betätigt beim Rückwärtstreten die Innenbackenbremse im Hinterrad. Das Freilaufzahnrad der Tretkurbelwelle arbeitet über ein Zwischenrad und ein mit dem Getrieberad des großen Ganges verbundenes weiteres Zahnrad auf den Kurbelbetrieb des Motors. So kann der Motor in der Leerlaufstellung des Getriebes bei stehendem Fahrzeug mit den Tretkurbeln gestartet werden.

Der Ovalrohrrahmen wird durch eine Pressstahlgabel mit Schwingen ergänzt. Die tiefen Kastenschutzbleche verfügen über Seitenblenden als Schmutz- und Kleiderschutz. Beide Bremsnaben sind verchromt. Weißwandreifen gibt es als Sonderausstattung gegen Mehrpreis.

1956 kommen drei Varianten des Zweigangmopeds auf den Markt: Die Ausführung mit Ovalrohrrahmen und Pressstahlgabel erhält eine Hinterradfederung und kostet 615 DM. Um preisgünstigere Zweigangmopeds anbieten zu können, bringt Rex die XX-Ausführung ohne Hinterradfederung, ohne Pressstahlgabel und mit dem alten Einrohrrahmen für 498 DM auf den Markt. Die XXL-Ausführung verfügt zwar wieder über die Pressstahlgabel, verzichtet aber auf die Hinterradfederung und muss sich ebenfalls mit dem Einrohrrahmen begnügen. Dafür kostet das hübsche Zweifarbenmoped auch nur 535 DM.

## Rex Monaco

Die Rex Monaco wird 1956 vorgestellt. Sie soll besonders durch die gute Federung Käufer locken, außerdem kann Rex auf eine selbstentwickelte Vorderrad-Langarmschwinge mit Federbeinen verweisen. Als Motor dient zunächst der FM 504 mit zwei Gängen, 1958 wird der Monaco S/3, wie sie jetzt heißt, der Rex-Dreigangmotor 509 eingebaut. Der 4-Liter-Tank der Monaco ist in Gummi gelagert, der Scheinwerfer unverstellbar fest eingebaut. Die Frischluft für den Vergaser wird durch den Rahmen geleitet. Der Zylinderkopf ist am Rahmen abgestützt. Der Drehpunkt der Vorderradfederung liegt weiter hinten. Bei dem Dreigangmoped ist der Kettenkasten nach unten geschlossen.

## Rex Sport

Während sich die Monaco an die bekannte Rex-Linie hält, ist die Rex Sport ein unverfälscht italienisches Baumuster. Markante Besonderheiten: Teleskopgefederte Langarmschwingen vorn und hinten, rennmäßige Scheinwerferverkleidung, Büffeltank und langes Sitzkissen. Die Zweigangausführung erscheint Ende 1956, eine Dreigangversion 1958.

**Die Rex Monaco kostet 585 DM, Aufpreis für Tacho und Ballonbereifung 30 DM**

**Rex Sport: 49 ccm, 2,1 PS, 36 kg, 725 DM**

## Rex Como

„Das Moped mit den technischen Kostbarkeiten", wie es die Werbung verspricht, wird 1959 ins Rennen geschickt. Das zweisitzige Moped ist mit einem Rex-Dreigangmotor mit Gebläsekühlung ausgerüstet. Rahmen und Gabel der Como sind aus Blechschalen hergestellt. Das Vorderrad hängt an einer Langarmschwinge mit Federbeinen. Das Hinterrad ist ebenfalls durch eine Langarmschwinge abgefedert, wobei die Federbeine pneumatische Dämpfung aufweisen. Die Vollnabenbremsung im Vorder- und Hinterrad haben einen Bremstrommeldurchmesser von 120 mm. Zur Erleichterung der Montage ist die Nabe mit Steckachse ausgerüstet. Verchromte Stahlfelgen, Diebstahlsicherung, Schlussleuchte, Tachometer und die Doppelsitzbank sind serienmäßig.

Zu Beginn der sechziger Jahre bringt Rex noch die „Silberpfeil" heraus, ein Kleinkraftrad mit einem 49-ccm-Dreigangmotor, das über einen Pressstahl-Vollschwingenrahmen mit Federbeinen verfügt. 1963 erscheint das Moped Piccolo, eine schlichte Rohrrahmenausführung mit automatischer Kupplung, die für 495 DM angeboten wird. 1964 wird bei Rex die Produktion eingestellt.

**Rex Como aus der Sammlung Udo Hönicke, Frankfurt**

# Rixe

In Brake bei Bielefeld ist das Rixe-Werk ansässig, ein Werk, das zwar nie spektakuläre Erfolge verbuchen kann, aber als eines der ganz wenigen deutschen Zweiradwerke das große Firmensterben in den fünfziger und sechziger Jahren überlebt. Von 1921 bis 1984 baut Rixe mit wechselnden Schwerpunkten Fahrräder, Mofas, Motorräder, Mopeds und Kleinkrafträder. Nach dem Zusammenbruch werden die Anlagen Anfang 1985 nach China verkauft.

Das erste Rixe-Moped, noch ohne Bezeichnung, erscheint 1954, verfügt über einen 50er Sachs-Motor mit Zweiganggetriebe, Einrohrrahmen, Vorderradfedergabel und Innenbackenbremsen vorn und hinten. Das Hinterrad ist durch üppige Seitenverkleidung halb verdeckt, der Kettenkasten geschlossen. Das Moped wird in olivgrauer oder schwarzer Lackierung angeboten. Die Exportversion ist mit Leichtmetallfelgen, Chromtank und Tacho im Scheinwerfer ausgestattet.

Die Modelle von 1955 heißen Standard und Luxus. Die Schutzbleche sind verbreitert, als Farben kommen noch Dunkelrot und Dunkelgrün hinzu. Die Standard-Ausführung verfügt nicht über den geschlossenen Kettenkasten und die Verkleidung, den „Mantelschutz", am Hinterrad. Diese Besonderheiten sind der Luxus-Ausführung vorbehalten.

Export de Luxe und Export de Luxe Super nennen sich die Rixe-Mopeds von 1956. Sie sind durch eine Hinterradschwinge und Federwege vorne verbessert. Auch bei diesen Mopeds ist der Zweigang-Sachs-Motor für den Antrieb zuständig. Der Rohrrahmen ist in einem Stück bis zum Motor verkleidet, die Schutzbleche sind tiefer gezogen, der Tank ist verchromt. Die Felgen sind aus Aluminium, die Vollnaben verchromt, hinten mit Steckachse. Die zweifarbig lackierte Super-Ausführung wird auf Wunsch mit Sitzbank geliefert.

1957 erscheint das Modell II der Export de Luxe mit geschlossenem Moleskin Kettenschutz.

**Das Rixe Moped von 1954 ist noch mit 26er Reifen ausgestattet**

# RIXE-MOPEDS

**finden überall größte Beachtung!**

Das ansprechende Äußere zeigt eine eigene, solide, sportliche Note.
Man sieht es den RIXE-MOPEDS an, daß sie aus gutem, traditionsreichem Hause sind. Ausgerüstet mit dem weltbekannten SACHS-Motor — vollendet im Finish — gehören sie zu den von Vielen begehrten Mopeds unserer Zeit.

## RIXE-MOPED „STANDARD"

mit dem bewährten F & S-Zweigang-Motor. Wesentliches Merkmal dieses Modells ist der vom Motor in das Fahrgestell verlegte Antrieb. Dieser Pedalantrieb mit einer zweiten Kette zum Hinterrad hat eine gut abgestufte Untersetzung (eine Kurbelumdrehung = 4.25 m Weg)!
Übrige Ausstattung Original RIXE-Vollschwinggabel, formschöner und geschmackvoll lackierter Tank, Alufelgen, Bereifung 23 x 2.00", großer Schwingsattel, 15-Watt-Lichtanlage, elegante Werkzeugtasche mit Werkzeug und Steuerkopfsteckschloß. Der Lenker ist individuell verstellbar und ermöglicht ein ermüdungsfreies Fahren.
Lackierung: perlgrau, anthrazit oder schwarz.

## RIXE-MOPED „STANDARD-LUXUS"

wie Modell „Standard", mit F & S-Zweigang-Motor, jedoch mit Pedalkickstarter und seitlich verkleideten Schutzblechen. Dieses echte Moped eignet sich vorwiegend für den Berufsverkehr und die Landwirtschaft und bewältigt Lasten bis 200 kg.

## RIXE-MOPED „STANDARD-SAXONETTE"

wie Modell „Standard-Luxus", jedoch mit Saxonette-Motor. Dieser Motor hat die neue automatische F & S-Fliehkraftkupplung. Die Geschwindigkeit wird durch Handdrehgas reguliert, Bedienungsfehler sind ausgeschlossen. Für den Stadtverkehr und für Damen ist die Saxonette das richtige Fahrzeug, da narrensichere Funktion ohne Schaltung erreicht ist.

immer mit dem bewährten

SACHS MOTOR

## RIXE-MODELL IV, „EXPORT DE LUXE-SUPER"

mit ölgedämpften Langhubschwingen vorn und hinten — 23" verstärkten Aluminium-Felgen, Vollnaben mit Hinterradsteckachse, besonders breiten, tiefgezogenen Schutzblechen, staubdicht gekapselter Kette, verstärkter 23 x 2.25" Continental-Blockprofil-Bereifung schwarz-weiß, 15-Watt-Lichtanlage, organisch eingebautem Scheinwerfer, mit zweifacher Lenkerbefestigung, Steuerkopfsteckschloß, Original-RIXE-Träger und Werkzeugdose, Kippständer, Traggriff, sowie Schwingsattel mit großem, bequemen Sitz (auf Wunsch mit Sitzbank).
Lackierung: Hochglanzemaille anthrazitblau, Tank lichtgrau abgesetzt.

und natürlich
auf

**Continental Reifen**

## RIXE-GESCHÄFTSMOPED

Unser **Geschäfts-Moped** (Gepäckträgergröße 65/40/15 cm, Tragfähigkeit ca. 75 kg. Eignet sich besonders zur Beförderung kleinerer Güter, d. h. dieses RIXE-Moped ist so recht für den Geschäftsmann geschaffen, der einen aufmerksamen Kundendienst von Haus zu Haus zu pflegen weiß.

Typen und Ausstattungsänderungen bleiben ausdrücklich vorbehalten.

**Hinterradschwinge, Motorverkleidung, tief gezogene Radbleche: Rixe Export de Luxe**

**Rixe Modell II Export de Luxe mit Moleskin-Kettenschutz und Moleskin-Hinterradverkleidung**

**Rixe Standard Luxus mit 23er Chromglanzfelgen, verchromten Naben, 15 Watt Lichtanlage, verstellbarem Lenker**

**Sportlich: Rixe Derby mit Doppelsitzbank**

Das Rixe Geschäftsmoped eignet sich besonders zum Transport kleiner Güter und „ist so recht für den Geschäftsmann geschaffen, der einen aufmerksamen Kundendienst von Haus zu Haus zu pflegen weiß". Die Tragfähigkeit beträgt 75 kg, der Gepäckträger hat die Maße 65x40x15 cm.

Rixi-Derby, das rassige Sportmoped von 1961, ist mit schwerem Zentral-Doppelrohrrahmen mit tiefliegendem Schwerpunkt, Langhubschwingen vorn und hinten (ölgedämpft) und verstärkten Stahlfelgen ausgerüstet. Die Derby ist selbstverständlich zweisitzig, kann neun Liter tanken, und für das Gepäck steht ein stabiler Kofferträger zur Verfügung. Angetrieben wird die Sportmaschine von dem gebläsegekühlten 50-ccm-Sachs-Motor mit Dreiganggetriebe. Bordwerkzeug, Luftpumpe, verchromte Felgen und die Hinterradsteckachse gehören zur Serienausstattung.

# Rolifix

Ein Dreirad-Lastenmoped mit Allradbremsen und 50 ccm Sachs-Motor wird 1958 von Alfons Lipp in Frankfurt am Main hergestellt. Das zulässige Gesamtgewicht beträgt 250 kg, das Leergewicht 75 kg. Vorne sind 20er Reifen und hinten ein 23er montiert. Die Normalausführung wird mit offener Ladepritsche, Bodenplatte und Stahlrohrumrandung angeboten. Das 2200 mm lange, 1100 mm breite und 1050 mm hohe Gefährt kostet 885 DM. Gegen Aufpreis von 130 DM liefert Lipp einen Ladekasten in Stahlblech mit Deckel und Schloss (103x54x54 cm). Für weitere 20 DM ist eine Gebläsekühlung lieferbar. Das Rolifix kann in seinem stabilen Fahrgestell auch einen 100 ccm Motor aufnehmen.

Archiv Bernd Regenberg

**Das Rolifix Dreirad-Lastenmoped des Herstellers Alfons Lipp (Frankfurt am Main) erscheint 1958 mit Allradbremsen**

# Schminke

Orion, Mentor und Forelle heißen die Mopeds, die bei den Fahrradwerken Schminke in Bad Wildungen gebaut werden. Die Orion gibt es 1953 und 1954 mit Eingang-Ilo-Motor für 499 DM und mit Zweigang-Sachs-Motor für 569 DM. Die Mentor wird von 1953 bis 1955 angeboten und ist in ihrer einfachsten Ausführung mit Eingang-Ilo-Motor, Zweirohrrahmen und Federgabel schon für 397 DM zu haben. Die Mentor mit Zweigang-Sachs-Motor kostet 1954 bereits 569 DM und bietet dafür einen Einrohrrahmen, Bremstrommelnaben vorn und hinten und eine Teleskopgabel. Die Ausführung mit dem Ilo-Motor FP 50 wird bei Schminke zur selben Zeit für 449 DM angeboten, wobei eine Teleskopgabel gegen Aufpreis lieferbar ist. 1955 wird die Mentor optisch durch Seitenverkleidungen der Reifen verfeinert und ist jetzt auch mit dem Ilo G 50 mit Zweiganggetriebe im Handel. Mit Allradfederung und Dreiganggetriebe präsentiert Schminke 1956 das Moped Forelle und 1958 die Forelle-Sport, die für 598 DM bzw. 698 DM angeboten werden.

**Schminke Mentor von 1956 mit 48 ccm 1,5 PS Eingang Ilo-Motor**

**Schürhoff G 50 von 1956 mit 49 ccm 1,7 PS Zweigang Ilo-Motor**

**Sigurd Sachs 50 von 1955 mit 47 ccm 1,25 PS Zweigangmotor (540 DM)**

# Schürhoff

Die Gevelsberger Fabrik für Fahrräder und Fahrradteile baut nach dem Zweiten Weltkrieg auch Motorräder und Mopeds. Das erste Moped mit Fahrrad-Fahrgestell weist schon einen Satteltank auf und wird von dem Ilo FP 50 angetrieben. 1955 verwendet Schürhoff die ein- oder zweigängigen Motoren von Zündapp oder Ilo. Der Typ Schürhoff G 50 mit dem Zweigang-Ilo-Motor, der mit einem Einrohrrahmen und Teleskopgabel ausgerüstet ist, wird 1955 für 595 DM angeboten.

# Sigurd

Die Kasseler Fabrik verwendet ausschließlich den zweigängigen Sachsmotor. Die Sigurd-Sachs ist 1955/56 auf dem Markt. Der Zentralrohrrahmen wird durch eine Teleskopgabel ergänzt, und bei dem 56er Modell wird zusätzlich eine Hinterradschwinge mit Federbeinen geboten. Weitere Daten: 23er Reifen, Innenbackenbremsen und Vollnaben.

# Simson

Der Mopedbau der DDR beginnt 1955 im thüringischen Suhl. Dort werden im VEB Fahrzeug- und Gerätewerk Simson die AWO Motorräder gebaut, aber mit Beginn der Mopedherstellung wird die Motorradproduktion in Suhl eingestellt.

Zunächst erscheint das Moped SR 1, das noch viele Merkmale eines Damenfahrrads aufweist. 1956 werden die Motorverkleidung, der Kettenschutz und das Vorderradschutzblech verbessert. Die SR 1 ist mit dem 1,5 PS starken 47,6 ccm Zweigangmotor Rh 50 des VEB Rheinmetall-Büromaschinen aus Sömmerda ausgestattet. Daher stammt auch die Abkürzung „SR", die für „Suhl/Rheinmetall" steht. Der Rohrrahmen wird ergänzt durch eine kurze Schwinggabel vorne sowie eine Schwinge mit Gummischubelementen hinten. Die Höchstgeschwindigkeit beträgt 45 km/h, der Tank fasst 4,5 Liter, der Verbrauch liegt bei 1,6 Liter, die Bereifung ist 26x2 und das Ganze wiegt 45 kg. Gebaut wird die SR 1 von 1955 bis 1957.

Nachfolgerin der SR 1 ist die SR 2, die von 1957 an rund 150 000 mal gebaut wird. Die SR 2 ist mit noch üppigeren Schutzverkleidungen ausgestattet. Der Tank wird auf sechs Liter vergrößert, der Verbrauch beträgt zwei Liter. Die Bereifung hat jetzt das bei Mopeds übliche Format 23x2,25.

Für den Export gedacht ist die SR 2 E, die 1957 auf den Markt kommt. Dieses Moped etabliert sich aber so gut, dass es 1960 die SR 2 ganz ablöst und bis 1964 gebaut wird. Die Vorderradgabel ist verbessert und die Hinterradschwinge hat einen größeren Federweg.

Parallel zu der SR 2 wird der Motorroller KR 50 mit Kickstarter entwickelt, der von dem 47,6 ccm Motor KRo Rh 50 mit 2,4 PS angetrieben wird. Für die Stabilität sorgt ein solider Doppelrohrrahmen, für die Federung hinten eine Langschwinge. Der Roller schafft rund 50 km/h Höchstgeschwindigkeit, verbraucht 2,5 Liter und hat einen 6,8 Liter fassenden Tank. Er wird von 1959 bis 1964 gebaut.

**Unverwüstlich: Simson SR 1 (oben und links) mit 47,6 ccm Zweitaktmotor, angeblocktem Zweiganggetriebe mit Drehgriff-schaltung**

Archiv Bernd Regenberg

**Titelblatt eines zweiseitigen Prospekts von 1960 für die Simson SR 2 E**

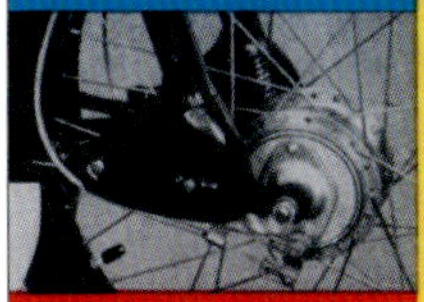

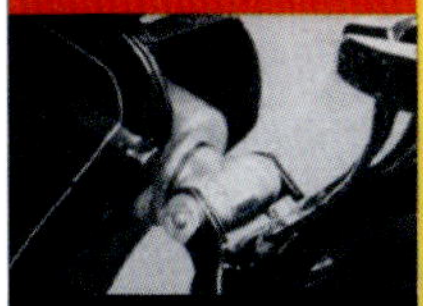

Die neue Schwinghebel-Vordergabel mit langhubigen, progressiven Schraubenfedern ermöglicht ein bequemes Fahren und eine außerordentlich gute Straßenlage. Selbst Strecken mit ständig aufeinanderfolgenden Bodenunebenheiten sind von dem Mopedfahrer leicht zu überwinden.

## SIMSON-MOPED SR 2 E

Zur weiteren Verbesserung der Straßenlage trägt ebenfalls die neue Abfederung des Hinterrades durch eine zentrale Schraubenfeder mit bedeutend vergrößertem Federweg bei. Die Begrenzung des Federweges erfolgt, wie bei der Vordergabel, beiderseits durch wartungsfreie Gummipuffer.

| | |
|---|---|
| **Typ** | Simson-Moped SR 2 E |
| **Motor** | Luftgekühlter Einzylinder-Zweitaktmotor mit Flachkolben; Typ Rh 50 II mit Pedal-Kickstarter |
| **Zylinderbohrung** | 38 mm |
| **Kolbenhub** | 42 mm |
| **Hubraum** | 47,6 ccm |
| **Verdichtung** | 7 : 1 |
| **Leistung** | 1,5 PS bei 5000 U/min |
| **Schmierung** | Mischungsschmierung |
| **Elektrische Anlage** | Schwunglichtmagnetzünder 15/18 W mit Lichtspule 6 V — 18 W Signalhorn (Wechselstromhorn) |
| **Vergaser** | BVF-Zentralschwimmervergaser NKJ 122-4 |
| **Luftfilter** | Naßluftfilter mit Startereinrichtung |
| **Kraftstoff** | Benzin-Öl-Mischung 25 : 1. Inhalt des Kraftstoffbehälters etwa 6 l Mischung, davon Reserve etwa 0,8 l. Kraftstoffverbrauch auf 100 km Fahrtstrecke etwa 2 l bei ebener Strecke und Höchstgeschwindigkeit |
| **Kupplung** | Dreischeiben-Ölbadkupplung |
| **Schalldämpfer** | zerlegbar |
| **Getriebe** | Zweiganggetriebe in Motorblock. Drehgriffschaltung |
| **Bereifung** | 23 × 2,25 |
| **Federung** | Vorderrad: wartungsfrei Kurzschwinge mit Schraubenfedern<br>Hinterrad: Schwinge mit zentraler Schraubenfeder |
| **Sattel** | Schwingsattel |
| **Eigengewicht** | etwa 50 kg |
| **Höchste Dauergeschwindigkeit** | 1. Gang 15 km/h<br>2. Gang 40 km/h |

Konstruktionsänderung vorbehalten

Archiv Bernd Regenberg

32seitige Broschüre von 1956 mit den Anschriften und Telefonnummern aller Moped-Vertragswerkstätten, aufgeteilt nach Bezirken

### Moped-Vertragswerkstätten im Bezirk Karl-Marx-Stadt

Aue/Sachsen, Robert Morgner, Oststraße 35
Crimmitschau, Johannes Werner, Kitscherstraße 28
Freiberg/Sa., Johannes Tränkner, Dresdner Straße
Gersdorf, Kreis Hohenstein-Ernstthal, Martin Heuschkel
Gornsdorf/Erzgeb., Bruno Berghold, Karl-Marx-Straße 97
Hohndorf, Kreis Stollberg, Joh. Uhlmann, Rödlitzer Straße 5 c
Karl-Marx-Stadt, Creutz & Werner, Leninstraße 74
Karl-Marx-Stadt-Schönau, Fritz Ihle, Zwickauer Straße 260
Kändler/Sa., Gerd Lämmel, Schulstraße 14
Klingenthal, Karl Frese, Markneukirchner Straße
Lichtenstein/Sa., Johannes Dörffeldt, Chemnitzer Straße 23
Marbach üb. Flöha/Sa., Siegmar Haase
Markneukirchen, Gerhard Scherzer, Thälmann-Platz 7/9
Mittweida, C. C. A. Gosch, Leisniger Straße 51
Mulda, Kreis Brand-Erbisdorf, Georg Rögner
Niederlautenstein, Post Marienberg, Kurt Klaus
Neukirchen b. Crimmitschau, Herbert Riedel
Oberwiesenthal, Walter Petzschke
Plauen/Vogtl., Walter Lohmeier, Neundorfer Str. 20
Ponitz-Guteborn, Post Meerane/Sachsen, Herbert Werner
Rochlitz/Sa., Kurt Taubert, Ernst-Thälmann-Straße
Zwickau/Sa., Otto Degenhardt, Lothar-Streit-Str. 11
Zwickau, Felix Rudert, Eckersbacher Straße 2
Zwickau-Planitz, Paul März, Lengenfelderstraße 13

12

### Moped-Vertragswerkstätten im Bezirk Leipzig

Altenburg, Willy Seyfarth, Albert-Einstein-Straße 32
Bad Düben/Mulde, Gebrüder Hartmann
Borna, Max Eichelbaum, Geschwister-Scholl-Straße 14
Döbeln/Sa., Arnd Wendler, St. Georgenstraße 20
Dommitzsch/Elbe, Willy Hänsgen
Eilenburg-Ost, Erich Bräunig, Wurzener Straße 2
Frohburg, Kurt Henschel, Ernst-Thälmann-Str. 20
Geithain/Sa., Richard Schenkel, Nikolaistraße 47
Grimma/Sa., Emil Schneider
Lehndorf, Kreis Altenburg, Johannes Geyer
Leipzig N 21, VEB Adler-Werk, Straße der DSF 97
Leipzig C 1, VEB Großinst.-Werk, Johannisplatz 13—14/Waldstraße 87
Leisnig, Paul Kirsten, Döhlener Straße 34
Oschatz, VEB Kraftfahrzeug-Inst.-Werk
Quesitz über Markranstädt, Rausch & Willnow
Rötha b. Leipzig, Otto Kemnitz, August-Bebel-Straße 46
Schmölln/Thür., Kurt Stier Beethovenplatz 10
Torgau, Böhme & Sohn, Am Oberhafentor 5
Wurzen, Walter Noack, Crostigall 19

13

Foto Bernd Regenberg

Das Simson Moped SR 2 E ist eigentlich für den Export gedacht, entwickelt sich aber zum Verkaufsschlager in der DDR. Im Hintergrund der Kleinroller KR 50, der als erstes „Damenmoped“ der DDR Karriere macht

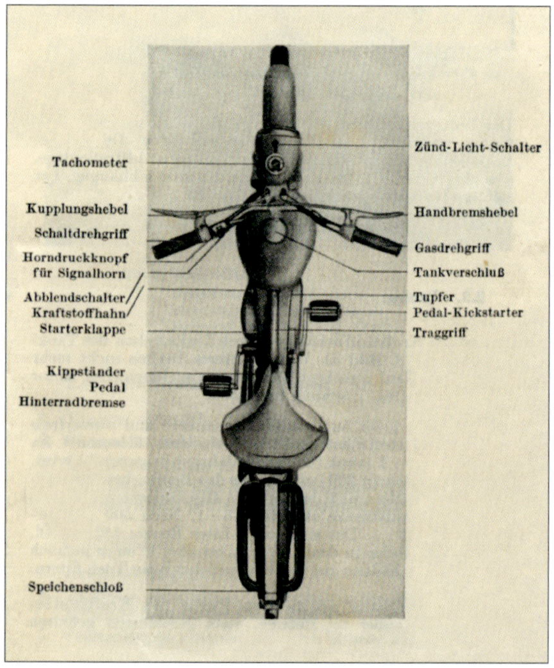


Die Bedienungsorgane des Simson Mopeds SR 2 E

**Wichtige Hinweise**

**für den Moped-Fahrer!**

Das Simson-Moped ist nach dem Gesetz ein Motorfahrrad und damit steuerfrei.

Das Mindestalter für Mopedfahrer beträgt 16 Jahre.

Vor Inbetriebnahme ist eine Haftpflichtversicherung abzuschließen und das Moped bei der VP zu registrieren.

Bei Fahrten mit dem Moped sind die **Quittung der Haftpflichtversicherung** und der **Personalausweis** immer mitzuführen.

Die Benutzung von Radwegen ist verboten.

Es wird von jedem Mopedfahrer erwartet, daß er sich laufend informiert, wie er sich im Straßenverkehr zu verhalten hat. Zu schnelles Fahren und unnötige Geräuschentwicklung sind unbedingt zu vermeiden.

Frohe Fahrt!

**VEB Fahrzeug- und Gerätewerk Simson Suhl**

**Inserat von 1959**

**1964 erscheint das SimsonMoped SR 4–1, genannt „Spatz", mit 49,6 ccm Zweigang-Motor mit 2 PS, später 2,3 PS. Die Spatz ist in zwei Varianten lieferbar: Mit Pedal- und Rücktrittbremse und mit Fußrasten und Kickstarter**

# *Staiger*

Der Radrennfahrer Paul Staiger eröffnet 1898 in Stuttgart ein Fahrradgeschäft. 1900 kommt die Generalvertretung von Opel-Fahrzeugen hinzu. Im Ersten Weltkrieg repariert Staiger Militärfahrzeuge, der Autohandel bricht ein, aber der Handel mit Fahrrädern und Zubehör geht weiter. 1920 werden die Bereiche Fahrrad und Automobil getrennt, der Fahrradbereich gehört jetzt zur Staiger Großhandels GmbH. In der Wirtschaftswunderzeit nach dem Zweiten Weltkrieg blüht das Unternehmen auf. Staiger entwickelt sich zu einem namhaften Hersteller von Fahrrädern und handelt zusätzlich mit Wittler-Fahrrädern, Kinderfahrzeugen, Zubehör für Autos und Motorräder, Reifen, Nähmaschinen, Garagen- und Tankstellenbedarf, Werkzeugen und Ersatzteilen für Sachs- und Ilomotoren. 1954 beginnt die Herstellung von Mopeds und Motorrollern.

1955 sind sieben Mopedvarianten auf dem Markt:

**Das Modell 100** wird von dem Zündapp Eingang-Motor Combimot KM 50 mit 49,9 ccm Hubraum und 1,5 PS angetrieben. Getragen wird das Moped von einem stabilen Rahmen mit Teleskopgabel und 26er Bereifung. Der Preis: 475 DM.

**Das Modell 150** hat den Ilo Eingang-Motor FP 50 mit 1,5 PS eingebaut. Der Einrohrrahmen ist mit Federgabel und auf Wunsch mit Telegabel lieferbar und auch bei der Bereifung kann man wählen: 26er oder 23er. Der Preis 449,50 DM.

**Das Modell 200** ist wieder mit dem Zündapp Combimot KM 50 ausgestattet. Es verfügt über einen Einrohr Zentralrahmen, Teleskopgabel, Schutzbleche mit Seitenschutz, Bremstrommelnabe, verchromten Tacho-Scheinwerfer, Schwingsattel und 26er Bereifung. Der Preis: 525 DM.

**Das Modell 230** arbeitet mit dem Zündapp Zweigangmotor Combimot 257 mit Tretkickstarter, der 1,5 PS leistet. Auffällig ist der besonders stabile Einrohr-Zentralrahmen, die Schutzbleche und die Kette sind verkleidet und für eine gute Federung

**Die ersten Mopeds von Staiger: Modell 100 (links) mit Zündapp Eingangmotor, Teleskopgabel und 26er Bereifung und das Modell 150 (rechts) mit Ilo Eingangmotor, wahlweise mit Federgabel oder Telegabel und wahlweise 26er- oder 23er Bereifung**

**Staiger Modell 200 mit Zündapp Eingangmotor**

**Staiger Modell 230 mit Zündapp Zweigangmotor mit Tretkickstarter**

Alle Abbildungen dieser Doppelseite: Archiv Bernd Regenberg

**Staiger Modell 300 mit Zweigang Sachsmotor**

sorgen Teleskopgabel und Schwingsattel. Der verchromte Tacho-Scheinwerfer, der Ständer und der Gepäckträger sind im Preis von 570 DM enthalten, Leichtmetall- oder Stahlfelgen kosten 8 DM extra.

**Das Modell 300** wird von dem 47 ccm Sachs Zweigang-Motor mit 1,25 PS angetrieben. Auch hier finden sich der starke Einrohr-Zentralrahmen, verstärkte Schutzbleche und die Teleskopgabel. Der Auspuff ist verchromt. Bei der Bereifung kann man zwischen 23 und 26 Zoll wählen. Der Preis beträgt 558 DM.

**Das Modell 310** entspricht im Wesentlichen dem Modell 300, hat aber im Gegensatz zu diesem eine vollständige Kettenverkleidung. Der Preis 567 DM.

**Das Modell 430** wartet mit dem 1,7 PS starken Ilo Zweigang-Motor G 50 mit Tretkickstarter auf. Die Schutzbleche sind mit Verkleidung ausgestattet, es gibt eine vollständige Motorabdeckung und Kettenschutz, eine Schwinggabel und Voll-Bremsnaben. Der Preis: 565 DM.

1958 bringt Staiger eine neue Moped-Generation mit eigenwilligen Formen in sechs Varianten und durchgängig 23er Bereifung auf den Markt:

**Das Modell 350 Staiger-Spurt** ist wahlweise mit Zweigang-Motoren von Ilo oder Sachs lieferbar. Es ist mit verwindungssteifem Tankrahmen, Teleskopgabel, Hinterradfederung, Trommelbremsnaben und chromlackierten Stahlfelgen ausgerüstet. Die Lackierung ist taubenblau. Der Preis mit Tacho und Schloss: 618 DM.

**Das Modell 375 Staiger-Spurt** ist die Luxusausführung des Modells 350. Es hat eine Vollschwinggabel, Weißwand-Bereifung, zweifarbige Lackierung rot/graugrün und ist mit Zweigang- oder Dreiganggetriebe lieferbar. Der Preis: 651 DM.

**Das Modell 450 Staiger-Super-Sport** ist ebenfalls wahlweise mit Zweigang- oder Dreigang Sachsmotor lieferbar. Hier sorgen ein stabiler Rohrrahmen, Teleskopgabel und Hinterradfederung für Fahrkomfort. Das Besondere der Super-Sport sind die „Rennsitzbank“, der 8,5 Liter fassende Büffeltank und der Sportlenker. Im Preis von 670 DM sind Tacho und Schloss enthalten sowie die rot-schwarze Lackierung.

**Das Modell 475 Staiger-Super-Sport** ist wiederum die Luxusausführung, in diesem Fall des Modells 450. Die Unterschiede zur Normalausführung sind der Pressrahmen, die Weißwandreifen und der Preis: 701 DM.

**Das Modell „Feuervogel"**, ebenfalls als Sportmoped konstruiert, ist ebenfalls als zwei- oder dreigängige Maschine mit 1,25 PS Sachsmotoren lieferbar. Es ist mit einem stabilen Press-Sportrahmen, Teleskopgabel mit Lenkerhalterung und Rohrschwinge mit zwei Federbeinen ausgerüstet. Der Büffeltank fasst neun Liter, die Schutzbleche sind extra breit, und die sportliche Doppelsitzbank ist farblich mit der rot-schwarzen Lackierung abgestimmt. Der Preis: 697 DM.

**Das Modell „Avanti"** entspricht im Design und in den technischen Daten dem „Feuervogel", ist aber mit 1,6 PS etwas stärker motorisiert als dieser.

**Staiger Modell 375 „Spurt" mit Zweigang Sachsmotor, zweifarbig lackiert rot/graugrün, Weißwandreifen**

**Staiger Modell „Avanti", wahlweise mit Zwei- oder Dreigang Sachsmotor, Rennsitzbank und Sportlenker**

**Staiger Modell 475 „Super-Sport", zweifarbig lackiert rot/schwarz, Zweigang Sachsmotor und 8, 5 Liter Büffeltank**

**Staiger Modell 310 mit Zweigang Sachsmotor (oben), Modell 430 mit Zweigang Ilomotor G 50 (links) und Modell 375 mit Zweigang Sachsmotor (unten). Die Abbildung ist Teil der Titelseite eines Verkaufsprospekts von 1958 der Fahrradgroßhandlung Mufag, Hannover**

Abbildungen: Archiv Bernd Regenberg

# Stoewers Greif

Mit dem Markennamen der traditionsreichen Stettiner Automobilfabrik schmückt sich eine Mopedreihe, die Mitte der fünfziger Jahre über den Fahrradgroßhandel vertrieben wird. Hergestellt werden die Mopeds bei Falter in Bielefeld und sind mit den von Falter selbst angebotenen Typen identisch. Stoewer ist ein bekannte Automarke, die bis zum Ende des Zweiten Weltkrieges produziert. Greif heißt ein Pkw, der bei Stoewer von 1935 bis 1939 gebaut wird.

**Stoewers Greif mit sportlicher Doppelbank**

Archiv Bernd Regenberg

**Sudbrack Moped „Pfeil" von 1954 mit 47 ccm Zweigang Sachsmotor und 23er Bereifung**

# Stricker

Die Fahrradfabrik Stricker in Brackwede bei Bielefeld bringt 1953 ein Moped zum Preis von 478 DM auf den Markt, das von dem 48-ccm-Zündapp-Combimot angetrieben wird. Das Stricker Moped hat einen Stahlrohrrahmen mit Gabelfederung und verstärkten Verbindungen, 26er Ballonbereifung und einen 3-Liter-Tank.

**Stricker Moped von 1953**

# Sudbrack

Besonders für Fahrradrahmen ist die Firma Sudbrack in Schötmar (Bad Salzuflen) bekannt, die 1953 das Moped „Pfeil" mit Ilo-Motor FP 50 präsentiert. Die Federgabel ist ein eigenes Fabrikat. Die zur Auswahl stehenden Farben sind Rot, Fischsilberblau und Schwarz. Auf Wunsch ist das Sudbrack-Moped mit Tachometer und Wechselstromschnarre lieferbar. 1954 erhält die „Pfeil" eine neue Karosserie mit Einrohrrahmen und 23er Bereifung. 1955 kommt das Zweigangmoped Sudbrack Sachs 50 hinzu, das mit Rohrrahmen und Teleskopgabel ausgestattet ist und für 585 DM angeboten wird.

**Sudbrack Pfeil (1953) und Sachs 50 (1955)**

# Tornax

Die berühmten Motorradwerke Tornax in Wuppertal, die bereits 1955 die Tore schließen, sind auch kurze Zeit mit einem Moped in der bundesdeutschen Zweiradszene vertreten. Das Tankrahmenmoped „Toxy" mit dem Ilo-Motor FP 50 ist mit einer kräftigen Schwingarmgabel gabel gebaut, dagegen wirkt das Sitzrohr auffallend dünn. Vollbremsnabe vorn. Schutzbleche und Motor sind abgedeckt. Der 5,5 Liter Tank reicht für rund 400 km. Drei Lackierungsvarianten werden angeboten: Resedagrün und braunbeige, jeweils mit Metalleffekt, und schwarz. Die 33 kg leichte Toxy kostet 565 DM, wobei das Zubehör inklusive ist, also keine Aufpreise.

**Tornax Toxy mit 49 ccm Ilo-Motor FP 50, 23er Bereifung, Vorderradfederung**

# Torpedo

In Frankfurt-Rödelheim werden 1896 die Torpedo-Werke gegründet, die Fahrräder, Schreibmaschinen und Motorräder herstellen. Im zweiten Weltkrieg werden die Anlagen fast völlig zerstört. In Alzenau entsteht in den Nachkriegsjahren ein neues, modernes Werk. Neben Motorrädern, deren Bau 1953 eingestellt wird, und Fahrrädern baut Torpedo auch Mopeds. Das erste Modell von 1953 ist mit einem Ilo-Motor ausgestattet, ab 1954 baut Torpedo Sachs-Motoren ein. Das Moped Torpedo Sachs 50 von 1954 ist eine schlichte, aber robuste Konstruktion mit Einrohrrahmen, Pendelgabel und Bremsnaben vorn und hinten. Der Motor ist tief aufgehängt, was einen freien Durchstieg und eine günstige Schwerpunktlage bewirkt. Die Torpedo Sachs 55 erscheint 1955. Die Schutzbleche sind durch Schmutzverkleidung optimiert. Die 26er Reifen sind durch 23er ersetzt. Bei dem Modell von 1956 ist der Kettenschutz auf den Motor verlängert. Nach 1956 werden eigene Mopeds bei Torpedo nicht mehr gebaut. Die später unter „Torpedo" angebotenen Mopeds sind Ausführungen von Miele und Rixe.

**Torpedo Ilo von 1953 mit 48 ccm Ilo Eingangmotor (links). Das Torpedo Zweigang-Moped Sachs 50 (unten) erscheint 1955 mit 47 ccm Sachsmotor mit 1,25 PS. Das 33 kg wiegende Moped mit Einrohrrahmen und Torpedo-Schwinghebelgabel hat einen 5,5 Liter Tank und ist für 598 DM zu haben**

# Tremonia

Unter der Bezeichnung „Tremonia“ gibt es Mitte der fünfziger Jahre bei der Dortmunder Großhandlung Walter Gräwe, die mit Fahrrädern, Motorrädern und elektrischen Artikeln handelt, ein formschönes Moped. Es ist wahlweise mit Ilo- oder Sachs-Motor lieferbar.

**Inserat von 1955**

# Triumph

Mit dem Bau von Motorrädern beginnen die Nürnberger Triumph-Werke bereits kurz nach der Jahrhundertwende. Nach dem Ersten Weltkrieg erscheint der erste Triumph-Zweitakter, ein erfolgreiches, zuverlässiges Motorrad, genannt Knirps. Nach dem Zweiten Weltkrieg spezialisieren sich die Triumph-Werke auf den Bau von Doppelkolben-Zweitaktern. Die Mopedproduktion beginnt 1953 und endet mit dem Verkauf der Triumph-Werke an Grundig 1957. Wegen der heraufziehenden schlechten Absatzlage im Motorradgeschäft hat Grundig an diesem Geschäftszweig kein Interesse und stellt die Produktion ein.

## Triumph Knirps

Sicher und bequem soll das „motorisierte Fahrrad“ sein, an dessen Entwicklung bei Triumph zu Beginn der fünfziger Jahre gearbeitet wird. Aber auch ein möglichst niedriger Anschaffungspreis und Wirtschaftlichkeit in der Unterhaltung sollen erreicht werden. Als das Moped Knirps 1953 vorgestellt wird, sind diese Entwicklungsziele in der Tat verwirklicht. Nur der Kaufpreis bereitet den Knirps-Machern noch Sorgen. Er wird zunächst auf 530 DM, dann auf 548 DM festgesetzt. Damit ist Knirps zwar keineswegs zu teuer, gemessen an dem, was geboten wird. Aber das Überschreiten der 500 DM Grenze bedeutet zu diesem Zeitpunkt ein Handicap für den Verkauf.

Der ersten Knirps ist der Zündapp-Combimot in tiefer Schwerpunktlage eingebaut. Der Motor arbeitet außergewöhnlich leise, besonders mit dem Riemenantrieb. Er treibt über schrägverzahnte Stirnräder auf die Vorgelegewelle. Die eingebaute Dreiplattenkupplung wird immer dann zum Vorteil, wenn im Stadtverkehr angehalten werden muss, ohne den Motor abzustellen. Das Fahrgestell wird von dem starken Zentralrohr gebildet, das gleichzei-

**Das erste Moped von Triumph: Knirps von 1953 mit Zündapp Combimot**

**Die Triumph Knirps mit Zweigang Sachsmotor kommt 1954 auf den Markt**

**Die Triumph Fips Export mit Vorderrad- und Triebsatzschwinge**

tig als Ansauggeräuschdämpfer herangezogen wird. Das Zentralrohr ist übrigens eine Gemeinschaftsarbeit von Triumph, Hercules und Zündapp. Federelemente sind bei der ersten Knirps noch nicht eingebaut. Die im Kopf des Fahrgestells angebrachte Fahrradglocke wird vom Lenker aus betätigt, an dem sich außerdem rechts der Innenzug-Gasdrehgriff und der Bremshebel für das Vorderrad (Nabe mit Bremstrommel) befinden. Links ist der Kupplungshebel mit Kupplungssperre angebracht. Der am hinteren Rahmen eingebaute Tank fasst 2,5 Liter. Größe der Reifen: 26 Zoll. Das 30 kg schwere Fahrzeug kann mittels Griff am Schwerpunkt auch im Treppenhaus transportiert werden. Die Lackierung ist einheitlich olivgrün.

1954 steigt der Preis auf 567 DM mit Riementrieb, und die Ausführung mit Kettenbetrieb ist für 575 DM zu haben. Wer einen Tachometer wünscht, legt noch 15 DM dazu. Im Oktober 1954 kommt die Knirps auch mit einem Zweigang-Sachs-Motor heraus, womit Triumph den gestiegenen Ansprüchen der Mopedkäufer entspricht. Der Motor ist harmonisch in den alten Rahmen eingefügt und wird von schwungvoll gezeichneten Blechschalen fast völlig verdeckt. Das bisherige Modell mit Zündapp-Motor wird weitergebaut. Am 1. Mai 1955 senkt Triumph konjunkturbedingt die Preise: Die Knirps mit dem getriebelosen Zündapp-Motor wird jetzt für 495 DM und die Ausführung mit dem Zweigang-Sachs für 560 DM angeboten.

## Triumph Fips

„Wem für 'nen eleganten Wagen das Kleingeld fehlt, doch nicht der Grips, gibt's auf sich weiter abzuplagen und fährt ab morgen nur noch Fips", heißt es in einem Inserat der Triumph-Werke, die ihr neues Moped 1955 vorstellen. Als Motor dient der bewährte 47 ccm Zweigang-Sachs. Der Vorderrahmen, der gleichzeitig als Tank ausgebildet ist, wird in Schalenbauweise gefertigt und wird ergänzt durch eine Drehstabfedergabel. Die Schutzbleche sind formschön verbreitert und mit seitlich angesetzten Verkleidungsblechen ausgerüstet.

Der Werkzeugkasten ist organisch eingebaut. Die Lackierung wird in Hellgrau-Dunkeloliv kombiniert. Was den Verbrauch betrifft, so wirbt Triumph mit dem Spruch: „Ein Kilometer kostet ja nur einen Pfennig. Wenn es also sein muss, dann trägt er sie sogar mit Sack und Pack für 20 DM nach Italien und zurück." Die Fips-Typen werden bei Hercules gebaut und sind mit den Hercules-Mopeds identisch.

Ende 1955 wird die Vordergabel verändert. Sie ist jetzt aus Pressstahl gearbeitet und federt mittels gezogener Schwinge. Ein von Triumph selbst konstruierter Kindersitz wird angeboten, der mit ein paar Handgriffen leicht montiert werden kann und 13,60 DM kostet. Außerdem ist für 12,50 DM ein Beinschutz zu haben, der auch nachträglich anzubringen ist.

Zwischen Export und Standard kann man 1956 wählen, wenn man sich die Fips zulegen will. Beide Modelle werden weiterhin mit dem schön geschwungenen Schalentankrahmen und der interessanten Vorderrad-Schleppschwinge mit eingearbeiteter Federspirale angeboten. Die Standard-Ausführung bleibt hinten jedoch starr, während das Export-Modell eine Triebsatzschwinge mit Federbeinen besitzt. Der Scheinwerfer ist verkleidet, und über dem Hinterrad befindet sich ein abschließbarer Werkzeugkasten.

Ebenfalls 1956 bringt Triumph die Sport-Fips auf den Markt, ein schickes Gefährt in schwarz-grüner Lackierung mit großem Sporttank und langem Sitzkissen. Die 23er Reifen sind auf Wunsch mit Weißwand zu haben. Als Antriebsquelle ist der Zweigang-Sachs eingebaut. Er ist beiderseits verkleidet, ebenso der Stahlrohrrahmen und die Kette, die über einen geschlossenen Kettenkasten verfügt. Wer als Käufer für die Sport-Fips in Frage kommt, definiert ein Werbetext: „Für nette kleine Mädchen ist zwar die Sport-Fips nicht gerade das geeignete Fahrzeug. Da gehören schon richtige Männer dazu. Das wird sie aber nicht davon abhalten, der Sport-Fips einen bewundernden Blick nachzuwerfen, denn für so ein sportliches und männliches Moped haben auch sie eine Schwäche."

Triumph Fips Standard (oben und links). Die Sportfips (unten) erscheint 1956 mit Sachs-Zweigangmotor und kostet 698 DM

# UT

Von 1954 bis 1958 werden in der kleinen Motorradfabrik Schwenk & Schnürle in Stuttgart-Möhringen Mopeds produziert. Das Werk macht von sich reden, als es nach dem Zweiten Weltkrieg als erster deutscher Hersteller seine Motorräder mit einer Teleskop-Hinterradschwinge ausrüstet.

1954 präsentiert UT das Moped Agi mit Triebsatzschwinge: Hinterrad und Motor schwingen gemeinsam (wenn auch in entgegengesetzter Richtung) um eine Drehachse über dem Tretlager. Die Schraubenfeder ist gekapselt. Die Agi bietet noch weitere Vorzüge: sie verfügt über 23er Bereifung und wird von dem Zweigang-Sachs-Motor mit nur einer Kette angetrieben. Der Vorderkotflügel ist motorradmäßig gestaltet, die Kette geschützt. Lackierung: blau.

Die Lilli, ein Nachfolgemodell ohne wesentliche Änderungen, betritt 1955 die Szene und ist mit dem Zweigang-Ilo-Motor (G 50) ausgestattet. 1956 bringt UT die Elfi I (hinten starr) und die Elfi II (hinten Zentralfeder) auf den Markt. Beide Modelle sind mit einem konventionellen Einrohrrahmen ausgestattet. Im gleichen Jahr erscheint auch noch die UT-Sport mit geschlossenem Rohrrahmen und Schwingarm mit Federbeinen. Sie ist zunächst einsitzig und wird 1958 auch zweisitzig angeboten. Bei dieser Version und der ebenfalls 1958 herausgegebenen Agi III S gibt es eine neue Langschwinggabel mit integriertem Scheinwerfer. Die Agi III S ist mit dem Dreigang-Sachs-Motor und einem Rahmentank ausgerüstet.

**UT Agi von 1954 mit Zweiganggetriebe, Sachsmotor und 23er Reifen, Preis: 595 DM**

**UT Lilli von 1955 mit Zweigang Ilo und UT Agi III S von 1958 mit Dreigang Sachs**

**UT Sport mit 47 ccm Zweigang Sachsmotor, einsitzig und zweisitzig lieferbar**

# Vaterland

Direkt ab Fabrik bieten die bekannten Fahrradwerke in Neuenrade/Westfalen ihr Sport-Moped an. Ein Sportmoped, so wie man die schicken Gefährte der späten fünfziger Jahre kennt, ist das Vaterland-Moped nicht. Es handelt sich um ein schlichtes Fahrrad-Fahrgestell mit Doppelrohrrahmen, Schwingsattel, Satteltank und freiem Durchstieg.

# Velo

Mit den bekannten Velo-Solex-Mopeds aus Frankreich ist dieses Produkt der Nürnberger Reinhold-Werke nicht zu verwechseln. Es handelt sich um ein Moped mit Voll-Schwingrahmen, der eine eigene Voll-Schwinggabel aufweist. Ein formschöner 5-liter-Tank wird geboten, tiefgezogene Schutzbleche mit Seitenverkleidung, Kettenschutz, und in den Scheinwerfer eingebauten Tacho. Für den Antrieb sorgt der Ilo-Motor G 50. Vorder- und Hinterrad-Vollbremsnaben sind vorhanden, und die 23er Bereifung wird mit Leichtmetallfelgen geliefert.

**Velo Reinhold-Schwinge mit Ilo-Motor G 50, blau emailliert, Preis: 615 DM**

# Victoria

Mit Expreß und Hercules gehört Victoria zu den ältesten Fahrradfabriken. Im selben Jahr wie Hercules (1886) und ebenfalls in der späteren Zweiradmetropole Nürnberg gegründet, stehen zunächst nur Fahrräder im Programm: von Hochrädern zu Dreirädern und Niederradmodellen. Mofas baut Victoria noch vor der Jahrhundertwende, und 1905 werden sogar Automobile hergestellt. Gleich nach dem Ersten Weltkrieg beginnt die Konstruktion eigener Motoren, und 1920 entwickelt Victoria den berühmten Boxermotor (obengesteuert), den Vorläufer des BMW-Motors. Die Umstellung von Zweizylinder- auf Einzylinder-Motorräder im Jahr 1929 mit geringeren Kubikzahlen wirkt sich positiv auf die Umsatzzahlen aus.

Nach dem Zweiten Weltkrieg, in dem die Victoria-Werke stark zerstört werden, beginnt gleich 1945 der Wiederaufbau. Victoria erkennt als erster Hersteller in der Nachkriegszeit die Bedeutung des Hilfsmotors für breite Bevölkerungsschichten und befriedigt den Wunsch „Radfahren ohne zu treten“ mit der Entwicklung des Fahrradhilfsmotors FM 38. Das Victoria-Topmodell Vicky III mit Tankrahmen und 23er Rädern kommt 1954 richtungsweisend auf den Markt. „Vicky“ wird zu einem Weltbegriff.

Aus Rationalisierungsgründen und mit Blick auf den europäischen Markt übernimmt Victoria 1958 die DKW-Produktion und schließt sich mit Expreß zur Zweirad-Union AG zusammen. Zu Recht mit großem Stolz wird 1961 das Jubiläum des 75jährigen Bestehens von Victoria gefeiert. Ein Jahr später jedoch übernimmt die Firma Faun die Aktienmehrheit der Zweirad-Union, und jetzt werden neben den Zweirädern auch Kleintransporter, Kehrmaschinen, Fahrerhäuser, Einachsenhänger und Bundeswehraufträge ins Programm genommen. 1966 werden unter der Regie von Fichtel & Sachs die Zweirad-Union und die Nürnberger Hercules-Werke zusammengeschlossen.

**Victoria Einzylinder Zweitakt-Blockmotor, 38 ccm Hubraum, 1 PS, abnehmbarer Leichtmetallzylinderkopf, Flachkolben, Steilstromspülung, Noris Schwungmagnetzünder ULZ 6/3 mit Lichtspule 3,3 Watt 6 Volt für Beleuchtung des Fahrzeugs, Victoria Spezialvergaser mit Luftfilter, Gasdrehgriff am Lenker, Getriebe in den Motorblock eingebaut, zwei Gänge und Leerlauf, Kraftübertragung durch Kette auf die Hinterradnabe**

**Victoria Vicky als Herrenmoped, Transportmoped und Damenmoped. Das Transportmoped ist mit stabilem Rohrgepäckträger (54 x 37 cm), federndem Klappständer und großer Firmentafel zur Beschriftung ausgestattet. Es kann auch als Damenmoped geliefert werden**

**Der Tank der Victoria Vicky fasst 3 Liter Kraftölgemisch, das reicht für etwa 200 km**

## Victoria Vicky

„Das kleine Ding ist nahezu ein Wunder", schreibt ein begeisterter Besitzer des Vicky-Einbaumotors FM 38 L im April 1950 an die Victoria-Werke. In der Tat ist dieser Motor eine gelungene Schöpfung, und 1954 sind bereits 150 000 Stück abgesetzt, davon etwa 70 Prozent im Ausland. Der FM 38 L, dessen Produktion gleich nach dem Zweiten Weltkrieg beginnt, ist an jedes beliebige, einigermaßen stabile Fahrrad anzubringen. Besonders die robusten Vorkriegsräder werden dazu benutzt, weil neue kaum zu haben sind. Der Motor hat ein fliegend gelagertes Pleuel, die Kurbelwange ist als Drehschieber für den Gaseinlass nach dem Kurbelgehäuse ausgebildet. Die Kraftübertragung von der Kurbel- auf die Getriebewelle geschieht durch Zahnräder, die beiden Gänge und die Leerlaufstellung werden durch Spreizringkupplungen in den Getrieberädern geschaltet.

Das Moped Vicky wird als Damen- und Herrenfahrrad geliefert. Der Zweigangmotor mit 38 ccm Hubraum und 1 PS ist an der Hinterachse angebracht. Die Bereifung von 26 x 2 ist gegenüber einem normalen Fahrrad verstärkt. Das Rad wird einheitlich in Victoriagrau lackiert.

## Victoria Vicky II

Gleich zu Beginn des ofiziellen Mopedzeitalters 1953 bringt Victoria neben der Vicky I noch ein zweites Moped heraus. Die Vicky II ist mit einem Stahlrohrrahmen, Pendelgabel, Innenbackenbremsen vorn und Freilaufnabe hinten ausgestattet. Mit dem tief eingehängten Zweigangmotor FM 38 NL 2, dem Satteltank (Satteltank deshalb, weil der Tank wie ein Sattel auf dem mittleren Rahmenteil gelagert ist) und den verbreiterten Schutzblechen sieht die Vicky II wie ein „richtiges" Moped aus.

**Vicky II mit tief durchgezogenem Rahmen**

## Victoria Vicky III/III N

Während die Vicky II eigentlich nur eine Übergangslösung ist, wird die Vicky III zu einem außerordentlich erfolgreichen Moped, das in seiner Bauzeit von 1954 bis 1956 insgesamt 152 645 mal verkauft wird. Grundlage des Erfolges ist zum einen die neue Fahrgestellkonstruktion mit Rahmentank, Schwingfederung und 23er Reifen, zum anderen der neue Motor M 50: 47 ccm Hubraum, 1,75 PS, Leichtmetallzylinder mit hartverchromter Lauffläche, starke Kupplung, Zweiganggetriebe mit Ziehkeilschaltung, eingebauter Vergaser mit selbsttätig zurückgehender Kaltstartblende. Der M 50 ist ausschließlich für das Victoria-Moped Vicky III geschaffen.

**Titel eines Prospekts für die Vicky I, II und III vom Mai 1954**

Die Vicky III N löst 1956 die Vicky III ab und wird bis Anfang 1959 in einer Auflage von 22 987 Stück verkauft. Die „N"-Type ist mit dem Victoria-Motor M 51 mit 47 ccm Hubraum und 1,8 PS ausgerüstet, einem leisen Einkettenmotor mit Pedalkickstarter und bei Victoria selbst hergestellten Vollnabenbremsen.

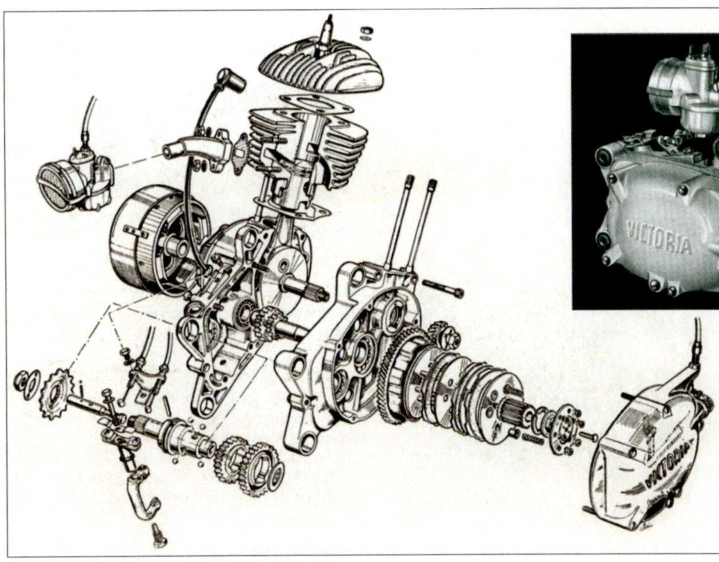

**Der Victoria Mopedmotor M 50 ist nur für die Vicky III gebaut: 48 ccm Hubraum, 1,75 PS, Zweiganggetriebe**

# Das neue Moped VICTORIA VICKY III

**mit 50 ccm Motor und Zweigang-Getriebe**

**Technische Daten:**

VICTORIA-1-Zylinder, Zweitakt-Blockmotor · 48 ccm · **Leistung: 1,75 PS bei ca. 4900 U/m** · Verdichtungsverhältnis 1:6,5 · Leichtmetall-Zylinder mit hartverchromten Laufflächen · BING-Vergaser, Type 1/10 mit Naßluftfilter und Verlängerungsstutzen zur Geräuschdämpferkammer · **Zweigang-Getriebe** mit Leerlauf, Ziehkeilschaltung und **Dreischeiben-Lamellenkupplung** · Scheinwerfer mit Tachometer · vorbildliche Kettenabdeckung und Verkleidungen · wartungsfreie Schwingarm-Federung für das Vorderrad · 23x2" Leichtmetall- oder Stahlfelgen nach Wahl · handlicher Tragegriff über Fahrzeugmitte · geschmackvolle **taubenblaue** Lackierung.

**Preis ab Werk**
**565.-**
**DM**

**VICTORIA WERKE A.-G. · NÜRNBERG**

MOTORRÄDER · MOTORRADROLLER · MOPEDS · MOTOREN · FAHRRÄDER

**Typenblatt von 1954 (oben) und Vicky III sowie der Victoria Motorroller Nicky mit 50 ccm Hubraum, der 1954 auf den Markt kommt**

## Victoria Vicky IV/IV E

Im Dezember 1955 erscheint die Vicky IV, die bis Anfang 1957 produziert wird und eine Stückzahl von 72 511 erreicht. Zahlreiche Konstruktionsdetails machen dieses Moped zu einer der fortschrittlichsten Zweiradschöpfungen. Alle Antriebsteile werden durch Stoßdämpfer am Kettenrand geschont. Das Schwinggabellager liegt in wartungsfreien Silentblöcken. Die Schwingen- und Bremslager sind schmutz- und quietschfrei. Der Motor, identisch mit dem der Vicky III N, verfügt über erhöhte Elastizität und Beschleunigungskraft. Weitere Vorzüge des neuen Mopeds: Eleganter Breitstrahlscheinwerfer, unter dem Sitz versteckter Luftpumpenplatz, Gepäckträger aus Pressstahl, geschlossener Kettenkasten, Vorrichtung für Kindersitz.

Das Vicky IV E (Exportausführung) wird ab Ende 1956 bis März 1958 insgesamt 42 893 mal hergestellt. Diese Exportversion, die natürlich auch auf dem deutschen Markt angeboten wird, bietet größten Mopedkomfort. Neu sind der starke Gepäckträger und das Steuerkopfschild, wodurch die Leitungen und Züge zusammengefasst und verdeckt sind. Auf Wunsch ist die Exportversion auch mit Dreiganggetriebe und Weißwandreifen lieferbar.

Von Mai bis Dezember 1958 verändert sich die Bezeichnung Export in Standard. Von dieser Ausführung werden 6 990 Exemplare abgesetzt. Die Standard erhält einen schlichten runden Scheinwerfer und ist wie die Export mit dem Victoria-Zweigangmotor M 51 oder dem Victoria-Dreigangmotor M 51 D zu haben.

## Victoria Tory

Als preiswerte Alternative bringt Victoria 1956 die Tory auf den Markt. Ein anspruchsloses aber solides „Volksmoped" mit dem Vicky-III-Motor M 50 und trotz des geringen Preises mit Langschwingengabel mit Federbeinen ausgestattet. 1957 wird die Tory mit Einganggetriebe für nur 395 DM angeboten. 1958 kostet das gleiche Modell 425 DM und als Zweigangausführung 450 DM.

**Neuer Motor: Vicky III N mit 1,8 PS**

**Verkaufsschlager: Vicky IV (1955-1957)**

**Exportmodell: Vicky IV E von 1957**

**Volksmoped: Victoria Tory ab 395 DM**

**Victoria Vicky Luxus aus der Sammlung Bernd Rosenkranz. Die Luxus ist mit Zwei- oder ...**

**Dreiganggetriebe lieferbar, kann zweifarbig lackiert werden und kostet 720 DM (Dreigang)**

## Victoria Vicky Luxus

Auch bei diesem Vicky-Modell, das 1958 erscheint, bleiben die Konstrukteure von Victoria bewusst bei der bewährten Vicky-Linie. Außer verschiedenen technischen Detailveränderungen bietet die Luxus eine schicke zweifarbige Lackierung, die die Bezeichnung Luxus rechtfertigt. Chromstreifen, Chrombügel und Weißwandreifen sind hinzugekommen. Als Motor dient der Victoria M 51 wahlweise mit Zwei- oder Dreiganggetriebe.

## Victoria Preciosa

Die Begründung zum Bau dieses Moped-Rollers liefert Victoria in einem Prospekt: „Täglich gehen bei uns Hunderte von Zuschriften ein mit begeisterten Anerkennungen, aber auch Briefe, in denen uns Anregungen für unsere künftige Fertigung gegeben werden. Wir prüfen alles und ziehen daraus die Quintessenz. Preciosa wurde nach diesem Grundsätzen konstruiert." 1958 ist es soweit, die Preciosa kommt mit dem Victoria-Motor M 51 in den Handel. Zwei- oder Dreiganggetriebe sind lieferbar. Hauptmerkmal ist die Ganzstahlkarosserie mit den extrabreiten Schutz- und Beinblechen. Die Abfederung des Vorder- und Hinterrades besorgen Langschwingen, in Silentblock gelagert und an Federbeinen abgestützt. Innenbacken-Vollnabenbremsen gibt es für beide Räder sowie Ballonbereifung 23 x 2,25 mit Weißwanddecken. Lackierungen: Blau mit Pastell, Reseda mit Olivgrün, Korallenrot mit Elfenbein.

1957 stellt Victoria das „Rollermoped" vor, das mit breiten Schutz- und Beinblechen ausgestattet ist, mit Zwei- oder Dreigangmotor geliefert werden kann und zweifarbig lackiert ist. Der Preis: 748 DM mit Zweiganggetriebe (Prospekt von 1957)

## Victoria Avanti

Die Sportmopeds, die ab 1956/57 auf den Markt drängen, müssen als reine Liebhaberfahrzeuge betrachtet werden. Sie sind relativ teuer und mit dem schmalen Lenker und dem Renntank recht unbequem. In den meisten Fällen fehlt der Gepäckträger für die Akten- oder Einkaufstasche. Aber sie werden gekauft, fast ausschließlich von jungen Männern, weil sie rassig und sportlich wirken. Das Sport-Moped der Vicky-Familie heißt Avanti. Es verfügt über den Victoria-Motor M 51 mit Zwei- oder Dreiganggetriebe. Das Fahrgestell bildet ein stabiler, aus zwei Hälften geschweißter Schalenrahmen mit kräftiger Hinterradschwinge mit Federbeinen und Kurzschwinggabel vorn. Die Avanti wird in Rot-Schwarz oder Blau-Beige lackiert. Nach dem Zusammenschluss zur Zweirad-Union 1958 bekommt die Avanti die Zusatzbezeichnung Duo, obwohl auch die Ausführung von 1956 bereits über eine Doppelsitzbank verfügt.

**„Victoria Avanti" – ein nettes Fahrzeug für zwei Personen" schreibt die Zeitschrift „Das Moped und die Kleinmotorisierung" in ihrer Ausgabe vom 1. Mai 1960**

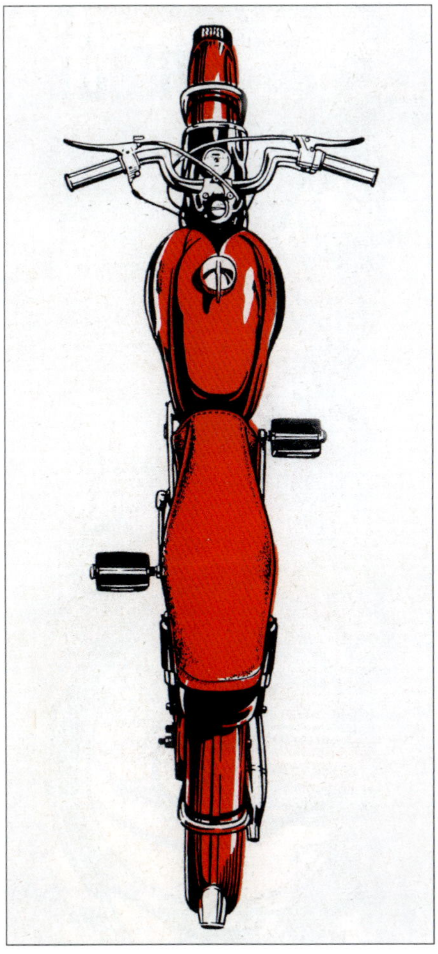

**„Das rassige Sportmoped": Abbildungen eines Werbeblatts aus dem Jahr 1957**

Sportmoped Victoria Avanti aus der Sammlung Bernd Rosenkranz. Die Avanti ist mit dem bewährten Einzylinder Zweitakt Block-Motor M 51 mit 47 ccm Hubraum und 1,8 PS ausgestattet. Der 8 Liter Tank reicht für etwa 600 km

## Victoria Superluxus

Ein bestechend schickes Gefährt ist die Superluxus, die von vornherein als Zwei-Personen-Moped konzipiert ist. Sie kommt nach dem Zusammenschluss zur Zweirad-Union 1959 auf den Markt und wird bis in die sechziger Jahre gebaut. Die Superluxus verfügt über das Victoria-Dreiganggetriebe (nur die ersten Ausführungen werden auch mit Zweiganggetriebe angeboten), einen Pressschalenrahmen mit Profilrohrgabel und Langschwingen vorn und hinten. Weitere Ausstattungsmerkmale: Chrombügel am vorderen Schutzblech, breite Zierblenden am Rahmen, Chromfelgen, Gepäckträger und Diebstahlsicherung.

**Prospektblatt von 1959**

**Vicky Superluxus aus der Sammlung Udo Hönicke, Frankfurt**

## Victoria Standard

Ein kompaktes Moped mit Doppelsitzbank bringt die Zweirad-Union 1960 heraus, es ist bis auf einige Details identisch mit der DKW-Hummel-Super, die ebenfalls von der Zweirad-Union vertrieben wird. Der Victoria Dreigangmotor mit 49 ccm bringt die 61 kg schwere Standard auf 40 km/h. Der Stahlpressrahmen, die Pressblechgabel und kurze Schwinge vorn und Schwinge mit Federbeinen hinten sorgen für Fahrkomfort. Der Tank des 775 DM teuren Mopeds fasst 5,8 Liter, mit denen man etwa 500 km weit kommt.

**Die Vicky Standard ist mit 49 ccm Hubraum mit 2 PS 40 km/h schnell**

### Victoria 115

Auch dieses schnittige, aufwendige Gefährt wird von der Zweirad-Union unter den Markenbezeichnungen DKW und Victoria gleichzeitig und baugleich angeboten. Im Volksmund „Blechbanane" genannt, findet die 115 keine große Resonanz, da hilft auch nicht der gut gemeinte Spruch in einem Katalog: „Neues Mokick mit gewaltiger Blech-Architektur, wird durchaus auch von gereifteren Persönlichkeiten erworben." Das 2 PS starke Dreigangmoped mit Kickstarter hat eine Stahlblech-Pressschalenkonstruktion und Langarmschwingen mit Federbeinen vorn und hinten. Bereifung 20 x 2,75 Moped, Vollnabenbremsen 120 mm, Tankinhalt 6,5 Liter, Verbrauch 1,6 Liter, Preis 985 DM.

**Das 74 kg schwere Dreigang-Moped Victoria 115, genannt „Blechbanane", ist mit seinem 2 PS Motor 40 km/h schnell**

# Wanderer

Die für ihre Motorräder schon zu Beginn des letzten Jahrhunderts bekannten Wanderer-Werke haben bis zum Kriegsende ihren Sitz in Siegmar-Schönau bei Chemnitz. Nach dem Zweiten Weltkrieg baut Wanderer in Haar bei München eine Werkzeugmaschinenproduktion auf, man will wieder im Zweiradgeschäft mitmischen. Weil in Haar jedoch nur Fräsmaschinen hergestellt werden, trifft Wanderer mit den Meisterwerken in Bielefeld und der Firma Brüsselbach eine Lizenzvereinbarung, wonach die von Wanderer direkt vertriebenen Fahrräder und Mopeds von diesen Firmen gebaut werden. 1957 gibt Wanderer das Zweiradgeschäft auf und konzentriert sich auf die Werkzeugmaschinenproduktion.

**Wanderer Standard, 47 ccm Sachs-Motor, 1,25 PS, Zweigang-Getriebe, Zentralrohrrahmen, Schwinggabel**

Das erste Wanderer-Moped ist schon 1953 da. Unter der schlichten Bezeichnung MF 1 wird ein Stahlrohrrahmenmoped mit verstärkter Federgabel und dem Ilo FP 50 angeboten. Wie 1953 noch üblich, ist auch das Wanderer-Moped mit 26er Bereifung gebaut, wirkt durch den Satteltank, den Kettenschutz und die breiten Vorderradschutzbleche aber schon mopedmäßig. Das 1955er Modell ist gekennzeichnet durch den neuen, modernen Einrohrrahmen. Drei Motorvariationen stehen zur Wahl: Wanderer J 1 mit dem Ilo FP 50 mit einem Gang, Wanderer J 2 mit dem Ilo G 50 mit zwei Gängen und schließlich Wanderer S 1 mit dem Sachs-Zweigangmotor. Als Farbe wird ausschließlich Wanderergrün angeboten. Die Preise bewegen sich zwischen 567 DM und 609 DM.

# Windt

In Lage/Lippe ansässig ist die Fahrradfabrik Fritz Windt und sie verhält sich Mitte der fünfziger Jahre nicht anders als die meisten Fahrradhersteller: Man steigt in das vielversprechende Mopedgeschäft ein. Das Windt-Moped W 50 kann sich sehen lassen. Es ist mit einer stabilen Leichtmetall-Teleskopgabel ausgestattet, verfügt über einen Einrohrrahmen und eine Bremstrommelnabe vorne sowie eine Freilaufbremse hinten. Der Tank fasst 5,5 Liter, Verbrauch etwa 1,5 Liter. Zunächst wird es mit dem Ilo FP 50, später auch mit dem Sachs 50 gebaut. Der Preis ist mit 550 DM angegeben, und als Farben stehen Rot, Schwarz und Olivgrün zur Auswahl. Das 1934 angemeldete Unternehmen wird übrigens 1971 wieder abgemeldet

**Windt W 50 mit Ilo FP 50 Motor. „Wie bei allen Windt-Erzeugnissen ist Wert auf erstklassige Wertarbeit gelegt"**

# Wittekind

Auch Wittekind in Herford ist ein Fahrradhersteller, der die Mopedproduktion 1953 mit einem Fahrrad mit Hilfsmotor aufnimmt. Die Typen Wittekind Ilo 50 und Wittekind Zündapp, die Mitte der fünfziger Jahre zu haben sind, weisen bereits in der Bezeichnung den Motorhersteller aus. Das Fahrgestell ist ein Einrohrrahmen mit einfachen Federgabeln. 23er Reifen mit Volltrommelbremsnaben vorn und Rücktrittnabe hinten, einen 5,5-Liter-Tank und Kettenverkleidung bieten die Herforder dem Mopedkunden, der 586 DM für die Ilo- und 596 DM für die Zündapp-Version ausgeben muss.

Prospektblatt (etwa Mitte der fünfziger Jahre)

# Wittler

Die Maschinenfabrik Gebr. Witteler aus Bielefeld wird bereits 1903 gegründet und besonders im Fahrradbau gelangt sie zu großem Ansehen. Stabile Transport- und „Invaliden-Dreiräder“ mit dem Flink-Motor 38 M gehören zum Programm, und das Fahrrad mit Hilfsmotor, das den Namen Primus erhält, ist mit 48-ccm-Ilo- oder 18-ccm-Lohmann-Motor zu haben.

„Richtige“ Mopeds mit Zweigang-Sachs-Motor werden von 1954 bis 1956 angeboten. Der formschöne Zentralrohrrahmen wird durch eine Teleskopgabel ergänzt, der Satteltank fasst 5,3 Liter, und die 23er Bereifung verfügt über Bremstrommelnaben vorn und hinten.

Wittekind Ilo 50 mit 49 ccm Zweigang-Motor mit 1,5 PS, Gewicht etwa 30 kg, Preis im Jahr 1956: 586 DM

Wittler Moped mit Zündapp Combimot, Einzylinder-Zweitakt, 48 ccm, Leistung 1,5 PS, Leichtmetallzylinder mit hartverchromter Lauffläche, Wittler Einrohrrahmen, Teleskop- oder Federgabel, Schwingsattel, Magura-Lenker mit Drehgasgriff

Wittekind Zündapp mit 48 ccm Eingang-Motor mit 1,5 PS, Drehgriffschaltung, Jurid Dreischeibenkupplung

Wittler Primus 500, Fahrrad mit Hilfsmotor von Ilo, 48 ccm, 1 PS, Steigfähigkeit 10 Prozent ohne Trethilfe

Wittler Transportdreirad mit Flink Einbaumotor 91 M, Bereifung 20 x 2,25, Kastengröße 70 x 70 x 25 cm

# Zündapp

In der Zweiradmetropole Nürnberg gründet der bayrische Unternehmer Fritz Neumeyer 1917 die „Zünder- und Apparatebau-GmbH". 1921 beginnt der Motorradbau mit einfachen Zweitaktern, die sich wegen hoher Qualität und günstiger Preise gut verkaufen. Viertakter folgen 1930 mit Python-Motoren aus England. Die K-Motoren stehen ab 1933 zur Verfügung, die von Richard und Xaver Küchen konstruiert wurden. Vom 200-ccm-Zweitakter bis zum 800-ccm-Viertakt-Boxermotor werden in der Folgezeit alle gängigen Hubräume bei Zündapp angeboten. Im Zweiten Weltkrieg liefert Zündapp ein schweres Wehrmachtskrad mit Seitenwagen. Das 750-ccm-Gefährt bringt 400 kg auf die Waage und erreicht mit seinen 26 PS eine Höchstgeschwindigkeit von 92 km/h.

1949 beginnt die Nachkriegsproduktion mit einem 200-ccm-Zweitakter und der KS 600, die schon von 1938 bis 1941 gebaut wurde. Bis 1958 werden noch verschiedene Zweitaktmodelle entwickelt, wie Norma, Elastic und Trophy, und die Viertaktmaschinen KS 601 und KS 601 Sport. Der erfolgreiche Motorroller „Bella" kommt auf den Markt und der Kleinwagen „Janus" erregt Aufsehen. Danach konzentrieren sich die Zündapp-Werke, die seit 1958 ausschließlich in München produzieren, vorwiegend auf 50-ccm-Maschinen.

Marktanteile gehen erst verloren, als die Italiener und Japaner mit der Macht ihrer Preispolitik auf den internationalen und besonders auf den deutschen Markt drängen. Wegen ihrer hohen Qualität können sich die Münchner, die inzwischen zur Bosch-Gruppe gehören, lange gegen den ausländischen Konkurrenzdruck zur Wehr setzen. 1984 allerdings ist Schluss mit der traditionsreichen Firma, die Konkurs anmeldet. Eine chinesische Fahrradfabrik erwirbt für 15 Millionen DM die Anlagen, die nach Fernost abtransportiert werden. Nachdem Maico bereits ein Jahr zuvor aufgegeben hat, sind jetzt nur noch Hercules und BMW auf dem deutschen Markt.

**Zündapps erstes Moped erscheint gleich im Moped-Startjahr 1953: Combinette, oben als Herrenrad, unten als Damenrad. Für den Antrieb sorgt der Combimot KM 48**

## Zündapp Combimot

Ende 1952 ist der Zündapp-Combimot produktionsreif. Der einfache, robuste 6,5-kg-Motor, der als Vorder- und Hinterradantrieb verwendet werden kann, schafft mit Fahrrad und Fahrer eine Steigung von 12 Prozent. Damit gilt der Combimot als idealer Antrieb für das motorisierte Fahrrad. Der KM 48, der Ähnlichkeiten mit dem zwanzig Jahre zuvor entstandenen Blockmotor B 170 zeigt, erweist sich als zukunftsträchtig. Konstruktive Details bleiben lange gültig. Die Bezeichnung Combimot deutet an , dass dieser Motor nicht nur Fahrräder in Bewegung setzen, sondern vielseitig verwendet werden soll. Bereits 1953 werden 100 000 Combimot-Motoren hergestellt.

Der Eingang-Motor KM 48 hat bei 38 mm Bohrung und 42 mm Hub 48 ccm Hubraum, eine Verdichtung von 1:5,5 und leistet 1,3 PS. Der Leichtmetallzylinder ist mit hartverchromter Laufbahn versehen; das Leichtmetallpleuel trägt dazu bei, dass die hin- und hergehenden Massen möglichst gering sind. Von der kräftig gelagerten Kurbelwelle wird die Leistung über geräuscharm laufende, schrägverzahnte Stirnräder auf die Welle der Jurid-Drehscheiben-Trockenkupplung und von hier, je nach Wunsch, durch Kette oder Keilriemen auf das Hinterrad übertragen. Die Elektroanlage besteht aus einem Noris-Zündmagneten mit Lichtspule, 3 Watt, 6 Volt, gegen Aufpreis ist eine 15-Watt-Anlage erhältlich. Tankinhalt: 2,5 Liter, Gewicht ohne Aufhängung 6,5 kg, Verbrauch ca. 1,2 bis 1,5 Liter.

Drei Typen werden angeboten: KM 48/3 mit Aufhängung, die über dem Vorderrad angebracht wird. Antrieb: Gummikeilriemen. KM 48/5 mit Aufhängung am Tretlager. Antrieb: Wahlweise Kette oder Gummikeilriemen. Typ KM 48/6 mit Aufhängung, die links neben dem Hinterrad angebracht wird. Antrieb: Kette. Außerdem wird der Combimot als Außen- und Seitenbordmotor und als stationärer Motor für Land, Forstwirtschaft, Forschung und Technik angeboten. Er ist natürlich steuer-, führerschein- und zulassungsfrei.

**Bei Zündapp heißen die Mopeds Combinette und die Motoren Combimot. Die ersten Zündapp-Mopeds sind mit 26 Zoll-Reifen unterwegs (oben)**

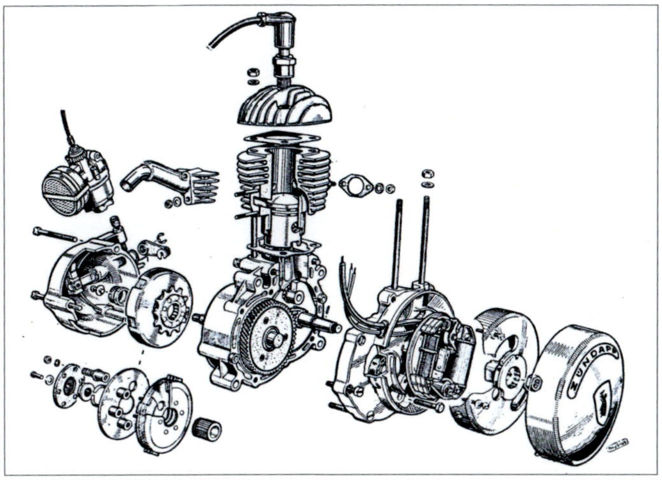

**Aufbau und Teile des Zündapp Combimot KM 50 (links)**

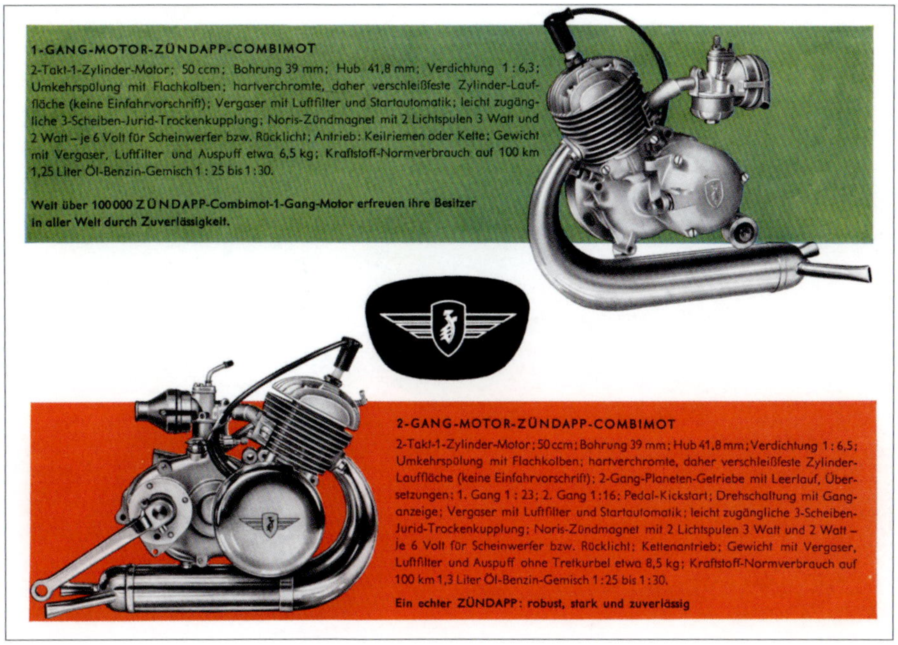


**Zündapp Combimot Eingang- und Zweigangmotor (unten)**

Zündapp Combinette, Damenrad

Zündapp Combinette Damenrad (links) und Combinette 400 (rechts)

Eingang-Moped Zündapp Combinette 400, 49,9 ccm, 1,5 PS, 33 kg

## Zündapp Combinette

„Als die Combinetten herauskamen, stand wohl gleich fest, dass es kein anderes Moped gab, das mit so viel Liebe gebaut war“ schwärmte 1954 die Zeitschrift „Das Moped“. Anspruchsvolle Käufer sollten von der „schlicht-schönen Linienführung“ angesprochen werden. Bei der Zündapp-Werbung war zu lesen: „Die rassige Form in modernem Anthrazit-Silbergrau ergibt ein schmissig-elegantes Fahrzeug, auf das Sie stolz sein können.“ Die Combinette kann sich in der Tat sehen lassen: Leichtmetallfelgen, glatte Hutmuttern, verchromter Scheinwerfer mit Tacho, verchromte Umhüllung der elektrischen Leitung, weitgehend verschalter Motor, Kleiderschutz am Hinterrad und ein tief heruntergezogener Einrohrrahmen.

Für den Antrieb ist der 1,3 PS starke Eingang-Motor KM 48 zuständig. Der Einrohr-Zentralrahmen ist klar aufgebaut. Das Sattelrohr ist sehr hoch gezogen, die Sattelhöhe verstellbar, ebenso die Sattelfederung. Die Vorderradfederung, eine Pendelgabel von Lutz, hat ein Drehstabbündel in der Schwenkachse. Die Bremsen sind ausreichend: Vorderradnabe mit Trommelbremse und Hinterrad-Rücktrittsbremse. Der Scheinwerfer verfügt über einen Unterbrecherknopf zum Abstellen des Motors. Der körpergerechte Lenker ist rechts mit Innenzug-Gasdrehgriff und Bremshebel versehen und links befindet sich der Kupplungshebel mit Sperre für Fahren ohne Motor und der Klingelhebel. Gebaut wird die etwa 30 kg leichte erste Combinette 1953 und 1954. Der Preis: 548 DM.

## Zündapp Combinette 400 bis 403

Eine neue Combinette erscheint bereits 1954. Die Schutzbleche sind vorn breiter geworden und schwingen unten leicht aus. Der vorn auf dem Rahmen angebrachte Tank lässt die Combinette kompakter erscheinen. Lieferbar ist die neue Combinette aber auch noch mit dem Tank unter dem Sattel. Bei der Version mit dem Tank vorne ist der Kasten unter dem Sattel als Gepäckraum ausgebildet. Die Reifen sind jetzt 23 Zoll groß.

Als Motor des Eingang-Mopeds dient der Zündapp Combimot KM 50 mit 49,9 ccm Hubraum und 1,5 PS. Noch immer hat der Käufer die Möglichkeit, unter Ketten- oder Riementrieb zu wählen. Wenn die Kette nicht sehr straff gespannt ist, klappert sie häufig beim Start, so dass der Riementrieb hier Vorteile bietet. Außerdem erzeugt er keinen Schmutz und schließt Vibrationen aus. Diese Baureihe wird 1954 und 1955 produziert.

## Zündapp Combinette 404, 405, 406

Die 404 und die 406 werden 1954 und 1955 gebaut, die 405 von 1955 bis 1956. Die 405 hat ein kurze Vorderradschwinge. Alle drei Modelle sind nur noch mit Kettentrieb lieferbar und werden von dem neuen Zweigangmotor Zündapp Combimot ZM 50 mit 1,8 PS angetrieben. Bei der Combinette 406 ist der Tank hinten, unter dem Sattel angebracht.

Die Zündapp-Werbung will mit dem Zweigangmoped die sportlich fahrende Jugend ansprechen und versichert, dass der Motor „wie ein Bulle zieht". Das auf der Antriebswelle frei drehbare Innenzahnrad des Planetengetriebes kann durch den Schalthebel für beide Gänge seitlich verschoben werden, wobei Ansätze an diesem Rad in Stifte am großen Rad oder in die verzahnte Bohrung eines am Gehäuse angeschraubten Bleches greifen. Im ersten Fall werden die Trabantenbänder gesperrt, die Antriebswelle läuft mit dem großen Zahnrad um (großer Gang). Im zweiten Fall zwingt das große Zahnrad die Trabantenräder, um das feststehende Innenzahnrad umzulaufen; die Antriebswelle dreht sich mit entsprechender Untersetzung (kleiner Gang).

Die 33 kg wiedenden Mopeds sind mit 5,3 Liter Tanks ausgestattet, verbrauchen 1,4 Liter pro 100 km und kosten 585 DM (Combinette 404 im Jahr 1955).

## Zündapp Combinette 407 bis 412

1955 bietet Zündapp zehn verschiedene Combinette-Kombinationen: mit Ein- und Zweigangmotor, Tank hinten, Tank vorn, Riemen- oder Kettenantrieb.

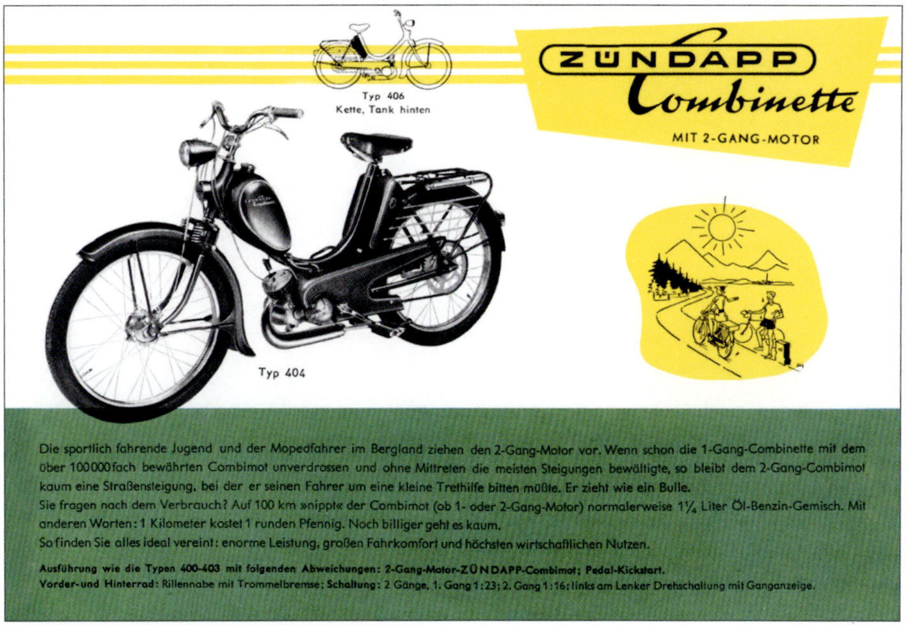


**Zweigang-Moped Zündapp Combinette 404 mit Pedal-Kickstart**

**Für 19,50 DM ist dieser Lenker-Gepäckträger (links) erhältlich, der aus nahtlosem Stahlrohr gebogen ist. Inserat für die Combinette 404 im Jahr 1955**

**Eingang-Moped Zündapp Combinette 412, 50 ccm, 1,8 PS, 41,5 kg, 565 DM**

**Zündapp Combinette 422 (links) und Combinette S 423 (rechts)**

**Das Zweigang-Moped Zündapp Combinette S 423 ist mit dem 49 ccm Zündapp Combimot mit 1,5 PS ausgestattet. Der Einrohrrahmen hat eine Schwinggabel und Hinterradschwinge**

**Hier wird der Reifendruck der Combinette S 423 geprüft, richtig ist vorne 1,1, hinten 1,2**

Die Baureihe 407 bis 412 ist mit Einganggetriebe ausgestattet, der Motor leistet 1,5 PS. Die 412 ist mit 1,5 und 1,8 PS lieferbar. Die 407 ist ein Lastenmoped, das 1956 und 1957 gebaut wird. Die 408 und die 410 haben den Tank hinten, die 409 vorn. Die 411 ist mit dem Riemenantrieb lieferbar, der Tank befindet sich hinten. 408 bis 411 werden 1954 und 1955 gebaut. Die 412 wird von einer Kette angetrieben, verfügt über die Vorderradschwinge und wird 1956 und 1957 produziert. Das 41,5 kg schwere Moped kostet 565 DM.

## Zündapp Combinette 422

Die Combinette 422 ist das erste Zündapp-Moped mit Hinterradschwinge. Die wartungsfreien Schwingarme werden in Schraubenwinden mit flacher Steigung verwindungsfrei geführt, womit das seitliche Ausbrechen der Räder, besonders in Lenksituationen, vermieden wird. Die 422 ist mit dem 1,5 PS Zweigangmotor ausgestattet und wird von 1956 bis 1958 gebaut. Der 3,5-Liter-Tank reicht für eine Fahrt von etwa 350 km. Der Combimot hat Pedalkickstart: Antreten im Stand – die Tretkurbel ist gleichzeitig Kickstarter.

Der Kolben wurde weiterentwickelt: Die Sonderlegierung hat besonders niedrigen Ausdehnungswert und ist verschleißfester. Die Kolbenaugen sind durch kräftige Rippen nach unten gegen das Kolbenhemd abgestützt. Im Deckel des verschließbaren Gepäckbehälters befindet sich das Werkzeug, klapperfrei von Gummibändern gehalten. Im Behälterraum ist die Luftpumpe untergebracht und viel Platz für Utensilien, die man mitnehmen möchte. Die Combinette 422 wiegt 44 kg und steht mit dem Preis von 621 DM in der Preisliste.

## Zündapp Combinette S 423

Abgesehen von dem neuen Druckgussrahmen gibt es bei der S 423, im Vergleich mit der 422, keine grundsätzlichen Veränderungen. Mit dem kombinierten Rohrdruckguss-Rückgratrahmen wird ein neuer Weg im Mopedbau beschritten. Unter dem Druck von einigen 100 Atmosphären wird die hochwertige Leichtmetalllegierung um das Tragrohr gegossen. Gussstück und Tragrohr bilden so die maßgenaue Einheit der Karosse. Diese trägt den Motor, den Sitz, die Schutzbleche, den Gepäckträger, die Federbeine, das Werkzeug und die Luftpumpe. Das neue Modell beschränkt sich auf konstruktive Verbesserungen im Detail. Durch eine veränderte Lenkgeometrie, deren Nachlauf länger geworden ist, bleibt das Fahrzeug spurtreuer. So ist eine Annäherung an die Fahrcharakteristik des Motorrads erreicht.

Durch Zubehör kann der Komfort der S 423 weiter gesteigert werden: Beinschutz, Sitzbank, Spezial-Gepäckträger und Packtaschen. Die Anschaffung einer Combinette S 423, die von 1956 bis 1958 gebaut wird, ist kein Problem: in 12 Monatsraten kann man den Kaufpreis von 670 DM, später 715 DM, abstottern.

Ende der fünfziger Jahre und Anfang der sechziger Jahre warb Zündapp in ganzseitigen Anzeigen mit diesen comicähnlichen Zeichnungen für die Combinette. Diese Anzeigen erschienen 1957 und 1958 auf der letzten Seite des Technikmagazins „Hobby“

**Zweirad-Moped Zündapp Combinette 428**

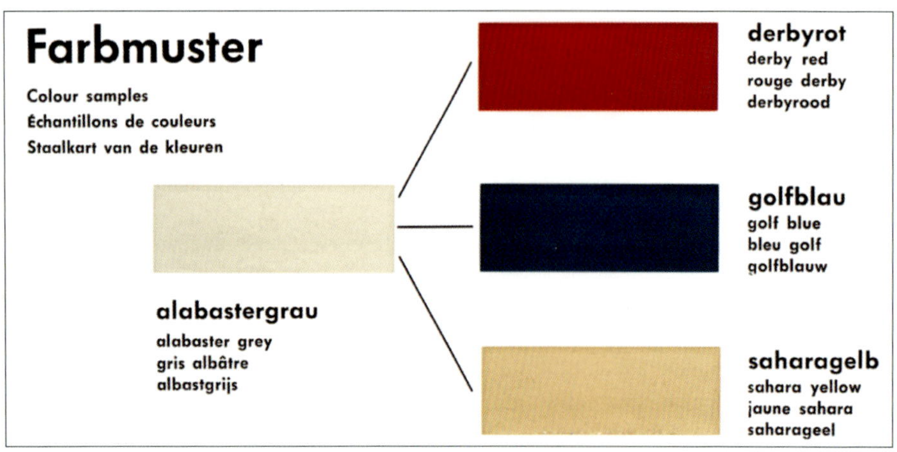


**Die Farben der Zündapp Combinette 428 ab September 1959**

## Zündapp Combinette 428
## Super Combinette 429

Diese beiden Modelle lösen 1958 die S 423 ab. Zunächst sind beide Mopeds mit 1,6 PS lieferbar, dann wird die Leistung auf 2 PS erhöht und 1960 sind sogar 2,6 PS möglich. Die 428 ist mit zwei Gängen ausgestattet. Anstelle des Planetengetriebes ist jetzt ein Ziehkeilgetriebe eingebaut. Die 429 verfügt über ein Dreigang-Ziehkeilgetriebe und wird hinten mit vier Federbeinen abgefedert, wobei das zweite Federbeinpaar bei Bedarf zugeschaltet werden kann. Wie bei der S 423 ist der Werkzeugkasten in den Druckgussrahmen hineinverlegt.

Bei der 428 von 1958 gibt es wahlweise Schwingsattel oder Solositzbank und die Anbaumöglichkeit für das Beinschild. Die einfarbige Ausführung wird in firnblau geliefert, bei der zweifarbigen Version werden vier Möglichkeiten geboten, das Alabastergrau zu ergänzgen: Golfblau, Derbyrot, Saharagelb und Schwarz.

Bei der 429 ist auch eine Doppelsitzbank zu bekommen und ab 1960 ist die Supercombinette mit einem Schlusslicht verschönert, das karosseriemäßig ausgebildet ist und die Gesamtoptik verbessert. Die Vorderradschwinge ist nach Belastung einstellbar, die Hinterradschwinge hat eine elastische Hubbegrenzung. Die Supercombinette ist bei Zündapp das Spitzenmodell der ausgehenden fünfziger Jahre. Sie wird ab 1960 mit Gebläsekühlung gebaut.

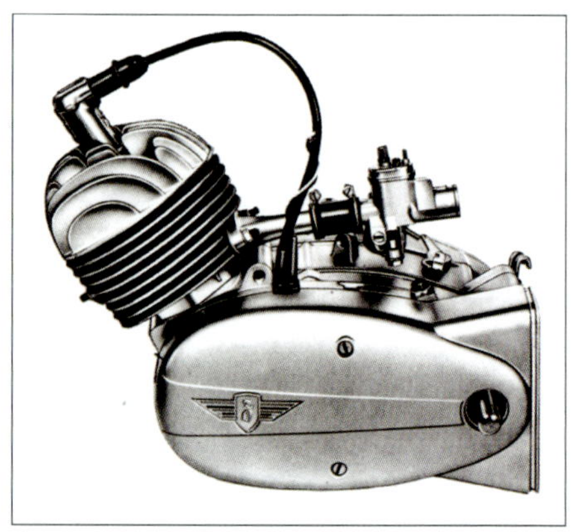

**Motor der Zündapp Combinette 428**

Die Combinette gehört zu den erfolgreichsten deutschen Mopeds. Sie wird nicht nur in ganz Europa angeboten, sondern auch nach Übersee exportiert.

Zündapp Falconette von 1958

## Zündapp Falconette

Ein Kleinstkraftrad ist die Falconette, die bei Zündapp ab 1957 angeboten wird. Bei gleich bleibendem Hubraum von 49,9 ccm wird die Leistung von 2,3 PS (1957) auf 4,3 PS (1961) gesteigert. Laut Zündapp bietet die Falconette die Vorzüge eines ausgereiften, leistungsstarken Kleinkraftrades. Sie gilt als sportlich, kann mit Solo- oder Soziussitz bestellt werden und zeichnet sich durch eine ausgezeichnete Straßenlage und starke Bremsen aus. Die Falconette ist auf Autobahnen zugelassen und verfügt über eine Dreigang-Fußschaltung (ab 1961 Viergang). Für die Federung ist eine Kurzarmschwinggabel vorn und eine Hinterradschwinge mit doppelten Federbeinen zuständig. Der Tankinhalt beträgt 7,3 Liter, der Verbrauch liegt bei etwa 1,8 Liter.

Zündapp Super Combinette 429 mit 49 ccm und 1,6 PS

Das Zweigang Solo-Moped Zündapp Combinette ist mit dem 50 ccm 2,6 PS Motor, Super-Ballonreifen, anpassbarer Federung, großdimensionierten Innenbackenbremsen und Stopplicht ausgestattet. Steuerfrei, Führerschein Klasse 5, ab 16 Jahren

In den sechziger Jahren setzt Zündapp weiter auf die Combinette, die sich längst einen guten Ruf erworben hat. Solide und zuverlässig, diese Adjektive werden am meisten genannt, wenn es um die Combinette geht, aber auch praktisch, robust und chic

Das Dreigang Mokick Zündapp Super Combinette treibt der 50 ccm Gebläsemotor mit 2,6 PS an. Es hat eine Handschaltung, Kickstarter, hydraulisch gedämpfte Hinterradschwinge und Stopplicht. Steuerfrei, Führerschein Klasse 5, ab 16 Jahren

Das Dreigang Mokick Zündapp Sport Combinette hat eine Fußschaltung, eine sportlichere Lenkerstellung, ist optisch verfeinert, ansonsten aber weitgehend mit der Super Combinette identisch. Auch hier gilt: Steuerfrei, Führerschein Klasse 5, ab 16 Jahren

# Zweirad Union

Ein Zusammenschluss der berühmten Marken Victoria, DKW und Express führt 1958 zur Gründung der Zweirad Union mit Sitz in den modernen Victoria-Werken in Nürnberg. Dorthin wird auch die Produktion der drei Marken verlegt. Gleichzeitig wird die Herstellung der größeren Motorräder wegen der schlechter werdenden Absatzlage eingestellt. Die Zweirad Union konzentriert sich auf die Produktion von Leichtkrafträdern und Mopeds, die weiterhin mit den renommierten Markennamen angeboten werden (siehe auch unter Victoria, DKW und Express). Bekannt werden die üppig verkleideten Typen 115 und 155, für die der Volksmund die Bezeichnung „Blechbananen" prägt.

1966 übernimmt Fichtel & Sachs aus Schweinfurt die Zweirad Union und verlagert Produktionsteile ihrer Hercules-Werke auf das Firmengelände der Zweirad Union. 1968/69 verschwinden die Markenbezeichnungen Express und Victoria, nur die weltweit bekannte Marke DKW wird noch einige Jahre für den internationalen Markt genutzt.

**Inserat für die Zweirad Union aus dem Jahr 1960 (oben). Die DKW Violetta mit sportlicher Doppelsitzbank (links) ist ein typisches Produkt der Zweirad Union**

# Weitere Bücher unseres Verlages

Fordern Sie unser Gesamtverzeichnis an, das wir Ihnen kostenlos und unverbindlich liefern mit Büchern über Autos, Motorräder, Lastwagen, Traktoren, Feuerwehrfahrzeuge, Baumaschinen und Lokomotiven:

Verlag Podszun Motorbücher GmbH
Elisabethstraße 23–25, 59929 Brilon
Telefon 02961-53213, Fax 02961-9639900
Email info@podszun-verlag.de
www.podszun-verlag.de

Komplette Chronik der deutschen Eisenbahn von den Anfängen bis heute mit faszinierenden Fotografien und Zeichnungen.

128 Seiten, 305 Abbildungen
28 x 22 cm, fester Einband
978-3-86133-556-6 EUR 19,90

Umfassende Dokumentation über das Ende der ehemaligen Baureihen ETA 150 und VT 98, zwei herausragende Epochen.

250 Seiten, 320 Abbildungen
28 x 22 cm, fester Einband
978-3-86133-496-5 EUR 24,90

Die wichtigsten deutschen Baureihen aller Dampf-, Elektro- und Diesellokomotiven in chronologischer Folge.

144 Seiten, 290 Abbildungen
28 x 22 cm, fester Einband
978-3-86133-328-9 EUR 19,90

Der legendäre Opel Olympia Rekord der Baujahre 1953 bis 1957 anhand von historischen Dokumenten.

144 Seiten, 266 Abbildungen
28 x 21 cm, fester Einband
978-3-86133-340-1 EUR 24,90

Mit vielen Originalfotos wird der Weg des kleinen Universalfahrzeugs von den fünfziger Jahren bis heute dargestellt.

144 Seiten, 365 Abbildungen
28 x 21 cm, fester Einband
978-3-86133-325-8 EUR 24,90

Vom ersten Fiat von 1899 bis zum Barchetta, Ulysse oder 500 C von heute: Ein unentbehrliches Nachschlagewerk.

144 Seiten, 380 Abbildungen
28 x 21 cm, fester Einband
978-3-86133-219-0 EUR 24,90

Alle Borgward Lastwagen und Omnibusse und speziell die Sonderaufbauten werden erstmals gezeigt und beschrieben.

220 Seiten, 550 Abbildungen
28 x 21 cm, fester Einband
978-3-86133-456-9 EUR 39,90

Umfangreiche Darstellung der Borgward-Werbung nach dem Zweiten Weltkrieg. Ein Genuss nicht nur für Automobilfreunde.

160 Seiten, 460 Abbildungen
28 x 21 cm, fester Einband
978-3-86133-512-2 EUR 29,90

Chronologisch werden alle jemals gebauten Lancia mit technischen Daten und vielen Abbildungen dargestellt.

144 Seiten, 370 Abbildungen
28 x 21 cm, fester Einband
978-3-86133-420-0 EUR 24,90

Vollständige Darstellung der NSU Pkw-Geschichte mit zeitgenössischen Fotos, die die Marke wieder lebendig werden lassen.

160 Seiten, 450 Abbildungen
28 x 21 cm, fester Einband
978-3-86133-442-2 EUR 24,90

Kurzgefasste, umfangreich bebilderte und übersichtlich gestaltete Chronik aller jemals gebauten Pkw dieser Marke.

144 Seiten, 400 Abbildungen
28 x 21 cm, fester Einband
978-3-86133-412-5 EUR 24,90

Udo Bols beschreibt die traditionsreiche Geschichte und erläutert die Serienmodelle von den Anfängen 1948 bis heute.

120 Seiten, 360 Abbildungen
28 x 21 cm, fester Einband
978-3-86133-370-8 EUR 24,90

Die rund 100 berühmtesten deutschen Sportwagen in einer faszinierenden und bildreichen Dokumentation.

136 Seiten, 448 Abbildungen
28 x 21 cm, fester Einband
978-3-86133-120-9 EUR 19,90

Chronik der Bölling-Firmen mit vielen Einsatzfotos von Büssing, Krupp, Henschel, Mercedes, MAN, Magirus, Saurer u. a.

160 Seiten, 450 Abbildungen
28 x 21 cm, fester Einband
978-3-86133-497-2 EUR 29,90

Eine Fundgrube für Liebhaber von Nutzfahrzeugen und ein Standardwerk für alle, deren Hobby die Forsttechnik ist.

144 Seiten, 360 Abbildungen
28 x 21 cm, fester Einband
978-3-86133-471-2 EUR 24,90

28 Marken werden vorgestellt, zum Beispiel Heinkel, Argus oder Panther, reichhaltig bebildert und sachkundig kommentiert.

120 Seiten, 240 Abbildungen
28 x 21 cm, fester Einband
978-3-86133-494-1 EUR 19,90

Bildreiche Darstellung der Kleinmotorisierung auf zwei Rädern. Mofas, Mopeds, Roller und Fahrräder mit Hilfsmotor.

136 Seiten, 245 Abbildungen
24 x 17 cm, Leinenbroschur
978-3-86133-392-0 EUR 14,90

Die Fahrrad- und Hilfsmotoren aus deutscher Produktion der letzten 100 Jahre in ihrer erstaunlichen Vielfalt.

144 Seiten, 250 Abbildungen
24 x 17 cm, Leinenbroschur
978-3-86133-320-3 EUR 14,90

Alle wichtigen deutschen Pkw von den Anfängen im Jahr 1886 bis zum Jahr 2000 in chronologischer Folge.

144 Seiten, 345 Abbildungen
28 x 21 cm, fester Einband
978-3-86133-319-7 EUR 19,90

Die Highlights aus mehr als 100 Jahren deutscher Motorradgeschichte mit herrlichen Fotos und technischen Daten.

128 Seiten, 380 Abbildungen
28 x 21 cm, fester Einband
978-3-86133-393-7 EUR 19,90

Knutschkugel, Adenauermercedes, Barockengel: Kaum zu glauben, was sich in den fünziger Jahren alles auf deutschen Straßen bewegte.

144 Seiten, 310 Abbildungen
28 x 21 cm, fester Einband
978-3-86133-244-2 EUR 19,90

Alle deutschen Motorradmarken der legendären fünfziger Jahre mit ihren Typen. Bildband und Nachschlagewerk zugleich.

152 Seiten, 290 Abbildungen
28 x 21 cm, fester Einband
978-3-86133-377-7 EUR 19,90

Impertator Prototypen, Deutsche Motorräder bei der Nato, Rennfahrer Georg Weiß, Condor D 50, Adler, DHM u. a.

144 Seiten, 280 Abbildungen
24 x 17 cm, Leinenbroschur
978-3-86133-531-3 EUR 14,90

Insgesamt 77 Hersteller werden mit vielen faszinierenden Bildern und allen wichtigen Daten dokumentiert.

144 Seiten, 244 Abbildungen
28 x 21 cm, fester Einband
978-3-86133-299-2 EUR 19,90

Die Geschichte der berühmten Marke Victoria mit allen Typen und vielen bislang unbekannten Abbildungen.

128 Seiten, 264 Abbildungen
28 x 21 cm, fester Einband
978-3-86133-262-6 EUR 19,90

Tiger, Spatz, Isetta & Co: Eine Bestandsaufnahme der unzähligen deutschen Motorroller und Kleinwagen der fünfziger Jahre.

144 Seiten, 305 Abbildungen
28 x 21 cm, fester Einband
978-3-86133-136-0 EUR 19,90

Das Kultbuch für alle VW-Fans mit faszinierenden Fotos, die größtenteils aus privaten Archiven stammen.

128 Seiten, 360 Abbildungen
28 x 21 cm, fester Einband
978-3-86133-452-1 EUR 19,90

Trabant, Robur, Multicar und all die anderen Pkw, Lkw und Omnibusse der DDR in einer umfassenden Darstellung.

128 Seiten, 370 Abbildungen
28 x 21 cm, fester Einband
978-3-86133-514-6 EUR 19,90